基金项目1：2023年江苏理工学院横向项目，项目名称：产教融合背景下的实践教学改革与提升，项目编号：KYH23510，项目资助：温州可为自动化设备有限公司

基金项目2：2022年度江苏高校哲学社会科学研究专题项目，项目名称：思政课程实践教学中知行合一研究，项目编号：2022SJSZ0605

基金项目3：江苏理工学院教研项目，项目名称：产教融合背景下的实践教学改革与探索研究，项目编号：11611312414

教育与生产劳动相结合视阈下的工匠精神培育

吴新建／著

吉林大学出版社

·长春·

图书在版编目（CIP）数据

教育与生产劳动相结合视阈下的工匠精神培育 / 吴新建著. -- 长春：吉林大学出版社，2024.3
ISBN 978-7-5768-3103-0

Ⅰ.①教… Ⅱ.①吴… Ⅲ.①职业道德-研究-中国 Ⅳ.①B822.9

中国国家版本馆CIP数据核字(2024)第060640号

书　　名：	教育与生产劳动相结合视阈下的工匠精神培育
	JIAOYU YU SHENGCHAN LAODONG XIANG JIEHE SHIYU XIA DE GONGJIANG JINGSHEN PEIYU

作　　者：吴新建
策划编辑：黄国彬
责任编辑：马宁徽
责任校对：崔吉华
装帧设计：刘　丹
出版发行：吉林大学出版社
社　　址：长春市人民大街4059号
邮政编码：130021
发行电话：0431-89580036/58
网　　址：http://www.jlup.com.cn
电子邮箱：jldxcbs@sina.com
印　　刷：天津鑫恒彩印有限公司
开　　本：787mm×1092mm　1/16
印　　张：15.25
字　　数：250千字
版　　次：2025年1月　第1版
印　　次：2025年1月　第1次
书　　号：ISBN 978-7-5768-3103-0
定　　价：88.00元

版权所有　翻印必究

序　言

教育与生产劳动相结合的概念是由"教育""生产劳动""结合"三个词语所组成，这一命题具有鲜明的教育学特征，也是一个关于教育实践的重大命题。对于教育政策制定者、教育理论研究者和教育实践工作者而言都应予以高度重视。

教育和生产劳动密切联系，二者相互依存，共同发展，教育与生产劳动相结合的状态是人类社会发展到一定阶段的产物，是人类社会发展到一定阶段必然会呈现的一种状态。

原始社会时期，生产力极其低下，教育与生产劳动也是在原始条件下，混沌而自觉地结合起来，我国从远古时期的"生活教育"到夏商周时期教育与生产劳动相结合的学校教育活动，随着文明的缓慢进展，开始有了脑力劳动与体力劳动的分工，教育从生产劳动中第一次分离出来。随着生产力的快速发展，现代文明的出现，教育与生产劳动发生了第二次分离，教育与生产劳动作为人类活动的两个关键领域开始联系起来并被人类所重视。

在马克思主义教育与生产劳动相结合思想形成之前，西方的很多思想家、教育家，如莫尔（St.Thomas more）、卢梭（Jean-Jacques Rousseau）、裴斯泰洛齐（Johan Heinrich Pestalozzi）等先后研究了生产劳动以及生产劳动的教育意义。

随着马克思主义的创立，马克思和恩格斯对教育与生产劳动相结合进行了系统的考察，并奠定了教育与生产劳动相结合的理论基础。马克思在蒸汽时代提出了教育与生产劳动相结合的思想，列宁在电气时代和苏联社会主义社会时期，继承、应用和发展了马克思教育与生产劳动相结合的思想。列宁在《民粹主义空想计划的典型》一文中指出,马克思主义教劳结合思想的实质是:"没有年轻一代的教育和生产劳动的结合,未来社会的理想是不能想象的,无论是脱离生产劳动的教学和教育,或是没有同时进行教学和教育的生产劳动,都不能达到现代技术水平和科学知识现状所要求的高度。"[①]

1934年,中央苏区提出文化教育总方针——教育与生产劳动相联系。1958年教育与生产劳动相结合被写进我国教育方针,我国教育在贯彻教育方针的过程中曾走过弯路,但从历次对教育方针的表述来看,教育与生产劳动相结合始终作为培养全面发展的人的途径而保留其中,这表明了党和国家对马克思主义教劳结合思想的重视。

新中国成立以来我国教育的发展历程证明,正确地实施马克思主义教劳结合,我国教育事业就能够得到很好的发展。因此,正确地理解马克思主义教劳结合理论也就成了我国教育具体实施教劳结合的基本前提。

进入21世纪以后,教育与生产劳动相结合的研究转向更加具体、更多实践问题的层面。习近平总书记强调:"扎根中国大地办教育,同生产劳动和社会实践相结合,努力培养担当民族复兴大任的时代新人,培养德智体美劳全面发展的社会主义建设者和接班人。"[②]教育与生产劳动相结合的实践发展历程证明,教育与生产劳动相结合得到正确的实践与应用,就会带来教育与经济的快速发展,一旦二者在实践中被曲解,必然影响整个社会的发展。

在教育与生产劳动相结合的教育方针的指引下,在教育过程中先后出现了教育与实践结合、半工(农)半读、产学研结合、工学结合、产教结合、校企合作等教育形式。2013年起,为缓解高等教育的结构性矛盾、高等学校发展的同质化倾向、大学生就业难等问题,促进高等教育适应和引领新常态下产业结构优化升级和经济社会发展,政府开始推动部分地方普通本科高校向应用型高校转变。教育部、发展改革委、财政部发布的《关

---

① 列宁. 列宁全集(第2卷)[M]. 中共中央马克思恩格斯列宁斯大林著作编译局, 编译. 北京: 人民出版社, 1984: 462.

② 习近平. 习近平谈治国理政(第三卷)[M]. 北京: 外文出版社, 2020: 328.

于引导部分地方普通本科高校向应用型转变的指导意见》指出，以产教融合为突破口，推动部分地方普通本科高校转型发展。直至2014年，在国务院发布的《关于加快发展现代职业教育的决定》中首次从国家层面明确地提出要引导普通本科院校向应用型院校转型；深化产教融合、校企合作。教育与生产活动的结合更加紧密。

　　无论是教育与生产劳动相结合还是产教融合都离不开劳动教育，劳动教育在中华民族的历史上可谓是芳泽绵长而相沿不辍。在古代，辛勤劳动成就了在历史上伟大而辉煌的华夏民族。在近代，辛勤劳作、艰苦奋斗助力我国抵御外侮，自立自强。而新时代劳动教育观，为如今我国劳动教育事业的健康发展、教育成效的跨越提升指出了光明道路。

　　党的十九大报告中明确提出："建设知识型、技能型、创新型劳动者大军，弘扬劳模精神和工匠精神，营造劳动光荣的社会风尚和精益求精的敬业风气。"在"2035年基本实现社会主义现代化远景目标"的大背景下，无论是对"拔节孕穗期"的大学生还是对企业生产员工进行工匠精神培育都是时代所需。

吴新建

目　录

上篇　思想篇

第一章　西方教育与生产劳动相结合思想 …………………………… 3
第一节　空想社会主义者的教育与生产劳动相结合思想 ………… 3
第二节　西方经济学家的教育与生产劳动相结合思想 …………… 9
第三节　西方思想家的教育与生产劳动相结合思想 ……………… 12

第二章　马克思主义经典作家的教育与生产劳动相结合思想 ……… 15
第一节　马克思恩格斯和列宁的教育与生产劳动相结合思想 …… 15
第二节　马克思恩格斯教育与生产劳动相结合思想的解读 ……… 25

第三章　中国古代教育与生产劳动相结合思想 ……………………… 29
第一节　远古时代的生活教育 ……………………………………… 29
第二节　先秦时期的教育与生产劳动 ……………………………… 31
第三节　春秋时期的教育与生产劳动 ……………………………… 33

第四章　中国近代教育与生产劳动相结合思想 ……………………… 38
第一节　1949年前：教育与生产劳动相结合思想的萌芽 ………… 38
第二节　1950—1978年：教育与生产劳动相结合思想的探索 …… 40
第三节　1979—1999年：教育与生产劳动相结合思想的研究 …… 42
第四节　2000年后：教育与生产劳动相结合思想的完善 ………… 45
第五节　新时代：教育与生产劳动相结合思想的发展 …………… 47

中篇　理论篇

第五章　工匠精神的内涵、特征及发展 ……………………………… 51
第一节　工匠与工匠精神 …………………………………………… 51

第二节　工匠精神的特征……………………………………60
  第三节　工匠精神的发展……………………………………67
  第四节　工匠精神的西方经验………………………………72

第六章　工匠精神培育的理论基础：劳动教育……………………88
  第一节　西方劳动教育………………………………………88
  第二节　马克思主义劳动教育………………………………101
  第三节　新中国的劳动教育…………………………………116
  第四节　新时代的劳动教育…………………………………134

下篇　培育篇

第七章　工匠精神培育的必要性……………………………………153
  第一节　工匠精神培育的现实缺失…………………………153
  第二节　工匠精神的当代价值………………………………162
  第三节　工匠精神培育的结合路径…………………………170

第八章　培育工匠精神　推进产教融合……………………………183
  第一节　产教融合的内涵与形式……………………………183
  第二节　产教融合的历史变迁………………………………187
  第三节　产教融合的问题探究………………………………193
  第四节　培育工匠精神　推进产教融合……………………200

第九章　培育工匠精神　构建企业文化……………………………208
  第一节　企业文化内涵与特征………………………………208
  第二节　培育工匠精神　构建企业文化……………………214

第十章　培育工匠精神　建设质量强国……………………………221
  第一节　培育工匠精神　提升产品质量……………………221
  第二节　培育工匠精神　促进制造业转型升级……………223
  第三节　培育工匠精神　建设质量强国……………………227

参考文献………………………………………………………………231
后　　记………………………………………………………………234

上篇　思想篇

第一章　西方教育与生产劳动相结合思想

第一节　空想社会主义者的教育与生产劳动相结合思想

一、托马斯·莫尔的教育与生产劳动相结合思想

托马斯·莫尔（St.Thomas More）1478年出生在英国伦敦一个不太显赫的富有家庭，他是最早提出教育与生产劳动相结合思想的人，有学者称他为教育与生产劳动相结合思想的"鼻祖"。幼年时期，托马斯·莫尔在伦敦最好的学校里学习，莫尔进入大学后攻读法学，并在1501年成为外席律师，从事法律的研究和实践。16世纪初期的英国，虽然表面上相对平静，实则蕴含着矛盾与危机。新航路的开辟，资本原始积累，圈地运动，导致大量平民流离失所，这对莫尔都是一种心灵的震撼。他刚正不阿，支持正义，帮助穷人和弱者，逐渐有了名气，在其26岁的时候进入政坛。身为律师，他能够接触底层社会的人，能够了解到社会的阴暗面。他开始反思并寻找社会的罪恶根源，严厉抨击旧制度的弊端。他曾说道："你们的羊，一向是那么驯服，那么容易喂饱，据说现在变得很贪婪，很凶蛮。"[①]他的"羊吃人"的名言成了当时民歌中经常引用的佳句，他那对圈地运动的详细描写成了马克思在《资本论》中叙述资本主义原始积累的野蛮方法时所引用的生动素材。

1516年，莫尔出版了他最著名也最有争议的著作《乌托邦》，他对当时的英国社会问题和以私有制为主的社会制度进行了强烈的批判，同时在书中他还提出了一系列关于未来社会的美好构想，倡导权利平等。在教

[①] 托马斯·莫尔.乌托邦[M].戴镏龄，译.北京：商务印书馆，1959：35.

育方面，提出在公有制基础上实行公共普及教育，认为人们终日只做两件事，一是生产劳动，二是学习和科学研究。他主张"凡是儿童都要学习"，成人也应"勤勉好学"，男女享有平等的教育权利；等等。同时，他还重视劳动实践，提倡教育与生产劳动相结合，把劳教结合作为培养全面发展人才的重要途径，提出"大家都从小学习农业，部分是在学校接受理论，部分是在城市附近的田地里实习"。[①]他的这一"天才"般的设想，由于时代局限性，不可能付诸社会实践，但对后来的空想社会主义者有着巨大的启迪作用。

二、托马斯·康帕内拉的教育与生产劳动相结合思想

托马斯·康帕内拉（Tommas Campanella）是意大利文艺复兴时期的空想社会主义者，1568年出生在一个贫苦的鞋匠家庭，他的一生是战斗的一生，又是一位深受莫尔思想影响的学者。他曾写下这样的光辉诗句："我降生是为了击破恶习，诡辩、伪善、残暴行为……我到世界上来是为了击溃无知。"[②]他参加了多次武装起义，于1601年下半年，在狱中写成了具有深远影响的空想共产主义著作《太阳城》。在书中，他描述了一个没有剥削，没有私有财产；人人劳动，产品按需分配的社会；太阳城里实行"哲人政治"等主张，他的描述方案比莫尔更具体，所提出的教育目的也较为明确。

康帕内拉认为教育应采取直观的和循序渐进的方法，在不同的年龄段进行不同的学习和劳动。在太阳城的城墙上描画了包括各种手工业和劳动工具为内容的壁画，作为儿童的教学材料。幼儿们在2岁时，就在游戏中通过壁画去认识不同的劳动；6岁时，就可以被领到工场、田野、牧场去观察和学习，认识各种劳动的特点；7岁时，接受基础教育，学习数学等基础知识，并进行体育锻炼；12岁时，按照各自的职业倾向、兴趣和才能进行分配，参加不同行业的学习，要求除了参加农业劳动外，还要掌握其他

---

① 托马斯莫尔. 乌托邦[M]. 戴镏龄，译. 北京：生活·读书·新知三联书店，1956：66.
② 康帕内拉. 太阳城[M]. 陈大维，黎思复，黎廷弼，译. 北京：商务印书馆，1997：85.

手艺；到了20岁，开始在前辈的带领下进行劳动，并接受各方面的继续教育。还规定每个成年的公民每天只需要参加4个小时生产劳动，剩下的时间可以从事学习、科学研究以及体育艺术等活动。①

康帕内拉的这些主张包含着教育与生产劳动相结合的观点，他的教育思想代表着人民群众进步的期望，但他只是一个脱离群众的思想家，他也未能提出如何去实现这些美好的愿望，所以他的方案最终只能归于空想。

三、查尔斯·傅立叶的教育与生产劳动相结合思想

查尔斯·傅立叶（Charles Fourier）生活于法国资产阶级革命风起云涌并取得决定性胜利的时代，出身于商人家庭的他，从事过各种商业活动，却尖锐地批评当时资本主义社会的丑恶现象，认为所谓的商业就是"谎言的制造者"。那时机器大工业在法国得到了发展，但是这些社会变革并未给普通的劳动者带来福利，却常常使他们处于更加无依无靠和贫困潦倒的生活之中。他认识到被资产阶级视为永恒的文明制度也不过是社会发展的一个阶段，这种制度是万恶之源，是人人互相反对的战争，是贫富分化的极端，商业欺诈的乐园，道德败坏的温床。他主张消灭文明制度，建立和谐制度，在和谐制度中，人民按性格组成协作社即"法朗吉"，通过宣传和教育建立一个理想的社会主义社会。

在以"法郎吉"为基层组织的社会里，脑力劳动与体力劳动的差别可以完全消除，人与人之间没有高低贵贱之分，城乡差别和对立也将消失。他特别关注当时的童工现象，认为"这实际上是恢复了的奴隶制度"。②他主张对儿童从小实施劳动教育和科学教育，并提出一种尊重儿童天性的和谐教育制度，实行免费教育，工农结合，人人劳动，男女平等等，就是做到教育与生产劳动相结合。"当前应该解决的问题是，要使每个三岁的儿童不仅发展出一种天赋，而且发展出二十种天赋。他应该从四岁起就能很熟练地参加二十种劳动谢利叶的工作，并且在那里挣得超过他们生活费

---

① 托马斯·康帕内拉.太阳城[M].陈大维，黎思复，黎廷弼，译.北京：商务印书馆，2009：1-17.
② 傅立叶.傅立叶选集（第一卷）[M].赵俊欣，吴道信，徐知勉，等，译.北京：商务印书馆，2017：137.

的工资。他们在那里轮流锻炼自己的体力和智力,使之都能得到充分发展。"①

他认为,这种和谐教育制度不仅有利于穷人的孩子,也有益于富人孩子,"和谐制度的教育有一个最突出的属性,就是能使在文明制度的家庭生活条件下甚至会成为大懒汉的儿童,从幼年起,即从三四岁起,便发展了二十种劳动能力,并把这种儿童提高到爱好科学和艺术,并且能够准确使用手和脑。"②

在"法郎吉"中,儿童要学习和参加的劳动类型是多样的,包括家务劳动、农业劳动、工业劳动、商业劳动、科学的研究与应用、艺术的研究与应用等各种不同的形式。在傅立叶的一生中,政治的倾轧、商业的算计、财富的掠夺、社会的不公都给他留下了深刻的印象,他希望从小培养所有儿童劳动互助的思想和习惯,从而创造一个人人自食其力、相互帮助、没有剥削、没有压迫的新世界。

四、欧文的教育与生产劳动相结合思想

罗伯特·欧文(Robert Owen)诞生于威尔士的一个小镇,他早期穷困潦倒、四处漂泊,对世态人情有了深刻的了解。欧文生活在最发达的资本主义国家——英国,大机器生产开始取代工厂手工业,进一步扩大了贫富差距,使农民、手工业者更加贫穷。失业成了严重的社会问题,下层贫民难以生存。工人阶级为争取生存权、劳动权以及受教育权的斗争此起彼伏,最终酿成声势浩大的宪章运动。"从这场运动的社会成分来看,它从根本上说是一场工人阶级的运动:它的中坚力量和主力军都是出卖劳动力、靠工资吃饭的工人。"③

欧文从工人阶级视角出发,从当时工人阶级中儿童的处境着手,开始

---

① 傅立叶. 傅立叶选集(第一卷)[M]. 赵俊欣,吴道信,徐知勉,等,译. 北京:商务印书馆,2017:151.
② 傅立叶. 傅立叶选集(第一卷)[M]. 赵俊欣,吴道信,徐知勉,等,译. 北京:商务印书馆,2017:242.
③ 约翰·K.沃尔顿. 宪章运动[M]. 祁阿红,译. 上海:上海译文出版社,2003:50.

了他对资本主义教育制度的批判。欧文认为，当时的资本主义制度对工人阶级中儿童的成长造成了严酷的摧残，"儿童被禁锢在室内，日复一日地进行漫长而单调的例行劳动。按他们的年龄来说，他们的时间完全应当用来上学读书以及在户外进行健身运动，在他们的一生刚开始时，他们的天性就受到了摧残。他们的智力和体力都被束缚和麻痹了，得不到正常和自然的发展，同时周围的一切又使他们的道德品质堕落并危害他人"。①

他运用"人的性格形成理论"去挖掘人类不幸的根源，探寻摆脱不幸的妙方，欧文特别重视人的全面发展，把此看成教育的任务、目的和基本方针，并在《新社会观》中提出"教育与生产劳动相结合"的新的教育构想。作为工厂主，他看到一些6至8岁的儿童被雇佣到纺纱厂里工作，除了短暂的吃饭时间，长时间的劳动还导致很多儿童身材矮小、智力发育不良，有的甚至变成了"畸形人"。欧文认为，造成这种悲剧的根源在于孩子的父母和整个社会的错误观念，他指出："人可以经过教育而养成任何一种情感和习惯，或任何一种性格。现在自命为了解人性的人没有一个会否认，任何一个独立社会的管理当局都可以使该社会的人养成最好的性格，也可以使之养成最坏的性格。"②

基于这些观察和认识，欧文开始进行教育与生产劳动相结合的社会实验。1800年，欧文在新拉纳克出任棉纺厂的经理，为工人的孩子们创立了第一所幼儿学校，1816年，在新拉纳克州正式成立"性格陶冶馆"。他让工人子女从小就学习一些读写算等基本知识，注重形成良好的品德，进行身体方面的训练，注重开展劳动教育。他认为生产劳动不仅能够培养儿童良好的性格，而且某些生产劳动的技巧在儿童阶段更容易形成。在贯彻这一教学原则的过程中，欧文注意到了不同年龄的儿童在"生理"和"心理"上的差异，进行因材施教，在不损害儿童身心健康的前提下，让他们量力而行，充分地得到锻炼，欧文作出如下规定：7至10岁的儿童可以做些家务，从事一些简单的园艺劳动；10至12岁的儿童要带领上组的儿童进

---

① 罗伯特·欧文. 欧文选集：第1卷[M]. 柯象峰，何光来，秦果显，译. 北京：商务印书馆，1984：159.
② 罗伯特·欧文. 欧文选集：第1卷[M]. 柯象峰，何光来，秦果显，译. 北京：商务印书馆，1979：69，82.

行劳动和游戏；12至15岁的则要"学习和处理一些比较复杂的重大问题的原则和方法，"如参加农业、矿业、渔业、食品制造业等方面的生产活动，"生产出大量有用的财富。"欧文的新拉纳克实验取得了阶段性的成功，生产效率没降反升，给工厂股东带来了更大的利益，同时，工人们的生存环境及待遇得到了翻天覆地的变化，新拉纳克由于生产效益和工厂股东获利的提高及环境的改善，一时被称为"幸福之村"。恩格斯说：欧文彻底改变了新拉纳克，由复杂和多半是堕落的人变成了完善的模范移民区，他能够做到这点，"只是由于他使人生活在比较合乎人的尊严的环境中，特别是关心成长中的一代的教育。"①

1824年，欧文同他的追随者从英国他的家乡来到了美洲，在印第安纳州的沃土上创立了新和谐共产主义区，还创立了"工农学校"。他准备全面地验证他的理想社会模型——共产主义社会，他自己进行了细致的规划，提出并开始他的教育实验。在其社会实践中，就其教育进行实践，他的理论与实践无疑是成功的，他的教育实验虽然收获了部分成功，但最终实验村还是夭折了。1842年，欧文出版了《新道德世界书》，在这部著作中，他强调了把劳动同知识教育相结合的重要性，阐述了这样的方法不只是对教育培养人有益处，重要的是改变社会、建立新世界的金钥匙。

欧文的教育与生产劳动相结合用劳动来造就"新人"的思想得到马克思的高度评价。马克思对欧文的教育与生产劳动相结合的思想的评价非常高："正如我们在罗伯特·欧文那里可以详细看到的那样，从工厂制度萌芽出了未来教育幼芽，未来教育对所有满一定年龄的儿童来说，就是生产劳动和智育、体育相结合，它不仅是提高社会生产的一种方法，而且是造就全面发展的人的唯一方法。"②

需要说明的是，欧文这些论述和实验的价值立场不仅仅是为了工人阶级，也是为富有的资产阶级以及国家提出来的。在实现这些目标的路径

---

① 马克思, 恩格斯. 马克思恩格斯选集（第3卷）[M]. 中共中央马克思恩格斯列宁斯大林著作编译局, 编译. 北京: 人民出版社, 1956: 413.
② 马克思, 恩格斯. 马克思恩格斯选集（第3卷）[M]. 中共中央马克思恩格斯列宁斯大林著作编译局, 编译. 北京: 人民出版社, 1956: 361.

上，欧文和其他宪章运动领袖一样，不赞成无产阶级武装斗争，而只是希望通过向当权者呼吁、开展演讲、社会实验以及工人阶级合法议会斗争等方式实现。

第二节　西方经济学家的教育与生产劳动相结合思想

一、夸美纽斯的教育与生产劳动相结合思想

扬·阿姆斯·夸美纽斯（Johann Amos Comenius）1592年出生于一个磨坊主家庭，是捷克伟大的民主主义教育家，西方近代教育理论的奠基者，被誉为"教育学之父"。他潜心研究托玛斯·莫尔、康帕内拉的理论思想，但他生活在一个国破家亡的黑暗时代，伤痛祖国的沉沦，愤恨国家以大凌小，弱肉强食的掠夺战争，渴望和平、安宁、光明世界的到来。在大学时代，他接触到当时的进步民主政治的观点，流亡国外期间，他与劳动群众同甘共苦，了解劳动人民的生活，所以他的教育思想中反映了民主教派对劳动教育的观点。

他倡导公共教育，其理念体现在他所著的《大教学论》中。他认为"人能够获得关于万物的知识"[①]，但劳动要通过学习才能学会；他重视培养爱劳动的美德，认为劳动是道德教育的重要手段；他主张除了学习自然科学知识，"还要能够把它们运用到人生的各种用途上"[②]，所以要能学会一切农学和别种技艺；在时间分配上，他认为每天学习4小时，之外的时间要有利地用于家庭劳动。他反对脱离实际、脱离生活的经院主义教学，《大学教学论》中处处流露作者对教育实践性的赞美之情。如"凡是应当做的都必须从实践中去学习。"[③]这些观点虽然在他的教育体系中并不占据重要的地位，但这也反映了他在捷克当时生产力发展相对落后的情况下对劳动与教育的探索。

---

① 夸美纽斯. 大教学论[M]. 傅任敢, 译. 北京: 人民教育出版社, 1957: 15.
② 夸美纽斯. 大教学论[M]. 傅任敢, 译. 北京: 人民教育出版社, 1957: 231.
③ 夸美纽斯. 大教学论[M]. 傅任敢, 译. 北京: 人民教育出版社, 1957: 148.

二、约翰·贝勒斯的教育与生产劳动相结合思想

17世纪的英国早期经济学家约翰·贝勒斯（John Bellers）指出："不与体力劳动相结合的教学略胜于不学"，"游手好闲的学习并不比学习游手好闲好……劳动对于身体健康犹如吃饭对于生命那样必要，因为悠闲固然使一个人免掉痛苦，但疾病又会给他带来痛苦……劳动给生命之灯添油，而思想把灯点燃……一种愚笨的儿童劳动（这是对巴泽多及其现代模仿者们充满预感的反驳）会使儿童的心灵愚笨。"[①]

贝勒斯反对15—17世纪西欧各国重商主义把货币当成财富的观点，认为劳动而非货币构成一个国家的真正财富，这种观点在当时是难能可贵的，他还提出了一些社会改革方案，其中之一就是教育与生产劳动相结合。他在《关于创办一所一切有用的手工业和农业的劳动学院的建议》中，批判了当时的教育和分工制度，认为这种制度造成了社会上的两极分化。在这篇建议中，贝勒斯高度评价了体力劳动的价值，认为"不与体力劳动相结合的教育略胜于不学"。马克思称贝勒斯为"政治经济学史上一个真正非凡的人物"，但是他的改革方案并不是真正地想实现社会主义。[②]

三、亚当·斯密的教育与生产劳动相结合思想

1723年，亚当·斯密（Adam Smith）出生于苏格兰一个海关官员的家庭，在《国富论》一书中，亚当·斯密用较大篇幅讨论教育问题，包括古希腊和古罗马的教育、中世纪以后的大学以及当时英国的教育问题。虽然从态度上说，亚当·斯密并不看好公立教育，但他认为"为了防止人民的堕落或退化，政府就应当开始关注教育问题。"[③]

亚当·斯密提出了劳动分工理论，对当时行会和学徒制的一些做法提出了批评意见，对教育投资也提出了自己的看法，亚当·斯密认为，劳动

[①] 马克思，恩格斯. 马克思恩格斯文集（第5卷）[M]. 中共中央马克思恩格斯列宁斯大林著作编译局，编译. 北京：人民出版社，2009：562.
[②] 宋涛.《资本论》辞典[M]. 济南：山东人民出版社，1988：829.
[③] 亚当·斯密. 国富论[M]. 富强，译. 西安：陕西师范大学出版社，2010：482.

分工的基础是自利，他说："人几乎总是需要他的同胞的帮助，单凭人们的善意，他是无法得到这种帮助的，如果他能诉诸他们的自利心，向他们表明，他要求他们所做的事情是对他们有好处的，那他就更有可能如愿以偿。"①在亚当·斯密的眼中，教育具有公共属性，对社会是有利益的，是社会需要重点支持的领域，他指出："可是，这笔费用如果由那些直接受到教育和宗教好处的人支付，或者由自以为有必要接受教育或宗教教育的人自发地出资支付，也是一样恰当，说不定还带有若干好处。"②作为古典自由主义的代表人物，斯密反对由政府来承担全部的费用，认为那样就会使教师变得懒惰，而主张普通劳动者也需要承担一部分的费用。亚当·斯密的价值立场在下面一段话中得到了鲜明表达："实际上，人民接受了教育之后，国家最终还是会受益的。这是因为，无知的国民常常因为狂热的迷信而引起可怕的骚乱。当底层人民接受的教育越多，他们就越不会受到狂热和迷信的影响。与没有知识的人相比，有知识的人常常更懂得礼节、更遵守秩序。"③

亚当·斯密认为，在文明的商业社会，相对于那些有身份、有财产者的教育，政府更应该关注普通人民的教育问题。亚当·斯密主张政府要为普通的人民提供一些基本的读写算知识，程度只限于小学阶段，"国家其实只需要花费很少的费用，就能让全体人民接受这种基础教育，而无论他们是自愿还是被强迫"。④亚当·斯密重视职业教育，他认为："可以把一个花费许多劳动和时间去接受教以便从事一种要求有特殊技巧和技术的职业的人，与这种昂贵的机器相比较。人们也必然会期待，他所学习的将来要去从事的工作的工资，要超过一般劳动的普通工资，才能补偿他所受教育的全部支出，至少还要带来同等价值的资本所带来的一般利润。"⑤

---

① 亚当·斯密. 国富论[M]. 富强, 译. 西安: 陕西师范大学出版社, 2010: 13.
② 亚当·斯密. 国富论[M]. 富强, 译. 西安: 陕西师范大学出版社, 2010: 483.
③ 亚当·斯密. 国富论[M]. 富强, 译. 西安: 陕西师范大学出版社, 2010: 485.
④ 亚当·斯密. 国富论[M]. 富强, 译. 西安: 陕西师范大学出版社, 2010: 484.
⑤ 亚当·斯密. 国富论[M]. 富强, 译. 西安: 陕西师范大学出版社, 2010: 482.

第三节　西方思想家的教育与生产劳动相结合思想

一、卢梭的教育与生产劳动相结合思想

卢梭生活在法国资产阶级革命前夜，世袭的封建贵族制度和新型的资产阶级使得当时的社会充满了不平等和不公正。作为一位激进的民主主义者，卢梭深刻地批判了社会不平等产生的思想根源，并希望通过教育来培养新的社会公民。他在《爱弥儿》一书中猛烈抨击有产者不劳而获的现象，认为劳动是每个人应尽的社会义务，主张儿童从小就要参加劳动，包括农业劳动和手工业劳动。他不仅把劳动看成训练儿童的心智和双手、发展儿童智力的手段，而且视之为理解劳动过程中社会关系的手段。"在这些生产活动中，显示出人和人之间的互助互利的关系。当你领他从一个工场到另一个工场的时候，让他在你所指示的每一项工作中显一显身手，……你可以指望他在一小时的工作中比较你做一天的说明还能学到更多的东西。"[①]

二、裴斯泰洛齐的教育与生产劳动相结合思想

裴斯泰洛齐是卢梭教育思想忠实的实践者，他深受法国资产阶级大革命的影响，力求通过自己的努力解救人民的痛苦生活，把自己的一生献给了贫困人民的教育事业。他先后创办了"贫儿之家""斯坦茨孤儿院""布格多夫初等学校"以及"伊佛东学校"等。在不同的教育实验阶段，他都特别重视把学校教育与生产劳动结合起来，对学生进行"心的教育—手的教育—头的教育"，以促进学生和谐发展。裴斯泰洛齐认为："如果为穷人的孩子建立了学校，在这个学校中穷人的孩子不仅可以学到某一方面的技术工作，而且可以受到基本的、智力的、体力的能力训练，孩子们可以接受良好的全面教育，并达到很高的数量程度，那么通过这一

---

① 卢梭. 爱弥儿[A]//张焕庭. 西方资产阶级教育论著选. 北京：人民教育出版社，1979：122.

途径个人就能在更大的范围内做到他所能做的事情。"①裴斯泰洛齐炽热的教育情怀和先进的教育理念使他在当时的欧洲产生了巨大影响,许多国家派遣青年学生到伊佛东参观学习。可以说,以学校为基础的教育与生产劳动相结合,首次在裴斯泰洛齐的手中变为现实。裴斯泰洛齐认为,教育与生产劳动相结合是人全面发展的重要途径。②不过,作为一位教育家,裴斯泰洛齐在办学方面既没有资源也没有权力,只能通过游说政府、王公大臣和雇主来支持自己的想法,这也是导致他办学实践经常失败的原因。

总体来看,从16世纪至19世纪早期马克思主义诞生之前,西方思想界教育与生产劳动相结合的思想就已经孕育出现,并逐步从美好幻想过渡到社会实验,从一般性的理论主张过渡到自觉的实践追求,它的产生与文艺复兴以后人文主义者所表达的对人,尤其是劳苦民众命运的深切关怀密切相关,与近代资本主义萌芽时期对"劳动创造价值"的朴素认识密切相关,与从资本主义工场手工业到机器大工业的发展给新兴的无产阶级带来的严重剥削、不平等、不公正以及由此带来如童工等诸多社会问题密切相关。受这一时期社会生产力发展水平和教育发展水平的制约,这个阶段的思想家有关教育与生产劳动相结合主张中的"教育"还仅限于"初等教育",停留在给劳动人民的子女提供一些基本读写算训练的阶段,"生产劳动"也主要以家庭劳动、农业劳动、手工劳动以及一些简单的工厂辅助性劳动为主,劳动的科技含量比较低。

从教育与生产劳动相结合实现的途径来说,包括欧文和裴斯泰洛齐在内,所有人都还是停留在呼吁、主张、恳求政府、权贵阶层与有产阶级给予重视和支持的阶段,反复游说他们在劳动群众中间实施教育与生产劳动相结合不仅在道德上是高尚的,而且在社会利益上也是有益于他们的,能够给他们创造更多的利润以及便于他们更好地统治等。

应该说,这一时期思想家们教育与生产劳动相结合的主张从其目的和内容方面来说具有历史的进步性,反映了广大劳动人民对接受现代教育的

---

① 裴斯泰洛齐. 裴斯泰洛齐教育论著选[M]. 夏之莲等, 译. 北京: 人民教育出版社, 1992: 333.
② 经柏龙, 周佳慧. 裴斯泰洛齐劳动教育思想之精髓及其解析[J]. 沈阳师范大学学报(社会科学版), 2021, 45(01): 115-119.

渴望以及现代社会生产发展的客观需要;但从实现的路径和方法上显示出它的保守性,以不触动社会统治阶级的利益为前提。正如马克思恩格斯在评价空想社会主义时所说:"这些体系的发明家看到了阶级的对立,以及占统治地位的社会本身中的瓦解因素的作用。但是,他们看不到无产阶级方面的任何历史主动性,看不到它所特有的任何政治活动。……他们拒绝一切政治行动,特别是一切革命行动;他们想通过和平的途径达到自己的目的,并且企图通过一些小型的、当然不会成功的试验,通过示范的力量来为新的社会福音开辟道路。"[①]随着现代化大工业生产的发展以及无产阶级与资产阶级斗争的日趋激烈,无论从目的和内容上,还是途径和方法上,教育与生产劳动相结合都将发生巨大的和革命性的变化,完成这一变化的就是马克思和恩格斯这两位马克思主义的创始人。

[①] 马克思,恩格斯. 马克思恩格斯选集(第一卷)[M]. 中共中央马克思恩格斯列宁斯大林著作编译局,编译. 北京:人民出版社,2012: 431, 432.

第二章 马克思主义经典作家的教育与生产劳动相结合思想

第一节 马克思恩格斯和列宁的教育与生产劳动相结合思想

马恩早期并没有对教育进行系统的论述，但他们在创立科学社会主义思想的过程中，在对莫尔、欧文等空想社会主义者、古典经济学家以及资产阶级启蒙思想家们的教育思想研究吸收的基础上，不断丰富和发展了他关于教育与生产劳动相结合的思想，从而成为马克思主义的有机组成部分，这一思想也成为新中国成立后我国教育学界进行直接研究的一个基本观点和命题。马克思和恩格斯关于教育与生产劳动相结合的思想可以从他们撰写的《英国工人阶级状况》《共产主义原理》《临时中央委员会就若干问题给代表的指示》和《资本论》等著作和文章中得以体现。

一、《英国工人阶级状况》中的体现

马克思通过对当时的机器大工业及科学技术发展分析，在此基础上对"教育与生产劳动相结合"展开了论述，在当时资本主义的发展进程中，儿童教育情况引起了他的密切关注，在为《纽约每日论坛报》的撰稿中，他大量收集和运用了英国工厂视察员和童工委员会的报告，对童工问题进行了讨论。恩格斯在《英国工人阶级状况》里对童工情况的考察结果和报告也得到了马克思的援引。1843年后开始，恩格斯在英国进行了广泛而深入的调查，对工人阶级进行观察并与他们密切交往，访问矿山和工人家庭，查阅议会报告以及工厂视察员、医生和教师们的证词，并去伦敦、利

物浦等工业中心实地考察,搜集了大量关于英国工人生活条件政治态度和斗争情况的第一手材料。恩格斯前后花了近两年的时间,在大量的客观的资料的基础上,对工人阶级的生活状况、工人运动的发展趋势作出了客观的分析,分析了他们经济上贫困,政治上被压迫的原因,了解了工人的痛苦和愿望与诉求,在报告中恩格斯对工人阶级子女教育问题进行了评论,并提出了"无产阶级教育"的问题。这些调查报告揭示了工人阶级子女骇人听闻的教育情况:由于被迫过早地投身雇佣劳动,他们在身体、智力和道德上的成长都是畸形甚至荒芜的。恩格斯指出工业革命一方面把工人变成了机器,另一方面促使他们作为一个阶级去思考自身解放的问题。"工人阶级随时都发现资产阶级把他当做物品、当做自己的财产来对待,就凭这一点,工人也要成为资产阶级的敌人。……工人只有仇恨和反抗资产阶级,才能拯救自己的人的尊严。而工人之所以能够如此强烈地反抗有产者的暴政,应当归功于他所受的教育,或者更确切地说,应当归功于他没有受过教育。"[①]

这里,"所受的教育"和"没有受过的教育"有着本质的区别,"所受的教育"是指英国工人阶级运动中由工会会员、宪章派和空想社会主义者依托工会创办的许多学校和阅览室,"在这里,孩子们受到纯粹无产阶级的教育,摆脱了资产阶级的一切影响,阅览室里只有或几乎只有无产阶级的书刊"[②];"没有受过的教育"指资产阶级所办的学校,包括他们为工人及其子女所办的某些技术学校,这些学校教授的内容是对资产阶级有利的知识,如以自由竞争为偶像的国民经济学,传播的是资产阶级利己主义的价值观。恩格斯指出,在这样的学校里,"工人得出的唯一结论是,对他们来说,最明智之举莫过于默默地驯服地饿死。这里的一切都是教人俯首帖耳顺从占统治地位的政治和宗教,所以工人在这里听到的只是劝他们

[①] 马克思,恩格斯. 马克思恩格斯选集(第一卷)[M]. 中共中央马克思恩格斯列宁斯大林著作编译局,编译. 北京: 人民出版社,2012: 104.

[②] 马克思,恩格斯. 马克思恩格斯选集(第一卷)[M]. 中共中央马克思恩格斯列宁斯大林著作编译局,编译. 北京: 人民出版社,2012: 130.

唯唯诺诺、任人摆布和听天由命的说教"。①

恩格斯的这篇报告虽然没有明确提到教育与生产劳动相结合的命题，但是以客观的事实材料为基础分析了工人阶级及其子女的教育问题，为理解稍后马克思和他提出的这个命题提供了实践基础与思想前提。

二、《共产主义原理》中的体现

在1847年11月为共产主义者同盟撰写的纲领草案《共产主义原理》中，恩格斯明确提出共产主义是关于无产阶级解放条件的学说，并提出了"把教育与生产结合起来"这个命题。书中恩格斯强调，无产阶级可以利用资产阶级的民主作为手段，争取无产阶级的权利并向私有制发起进攻。他基于当时无产阶级革命的实际状况，提出了12条可以"立即采取措施"的要求，其中第8条谈到的是教育，具体表述为："所有的儿童，从能够离开母亲照顾的时候起，都由国家出钱在国家设施中受教育。把教育与生产结合起来。"②其中第一句是呼吁实施普及教育，第二句是要求将教育与生产劳动结合起来。这个教育条款反映了广大无产阶级的愿望，同时也考虑到利用资产阶级民主机制获得胜利的可能性。恩格斯明确指出，包括教育要求在内的这12条措施不能一下子全部实现，需要一个过程。无产阶级要为推进这些措施的实现而努力斗争，最终的目标是消灭私有制，将全部资本、全部农业、全部工业、全部运输业和全部交换都国有化，为最终实现共产主义创造条件。

在1848年发表的《共产党宣言》中也有关于教育与生产劳动结合的相关表述，这是共产主义者同盟第二次国际代表大会委托马克思、恩格斯在《共产主义原理》基础上共同起草完成的一部纲领性文件。作为纲领性文件，共包含四个部分，在第二部分"无产者和共产党人"中，马克思、恩格斯一方面明确提出教育的阶级性质，批评"资产者唯恐失去的那种教

---

① 马克思，恩格斯. 马克思恩格斯选集（第一卷）[M]. 中共中央马克思恩格斯列宁斯大林著作编译局，编译. 北京：人民出版社，2012：130.

② 马克思，恩格斯. 马克思恩格斯选集（第一卷）[M]. 中共中央马克思恩格斯列宁斯大林著作编译局，编译. 北京：人民出版社，2012：305.

育,对绝大多数人来说是把人训练成机器",[①]为资产阶级统治服务;另一方面指出无产阶级革命的任务不是要否认教育的阶级性,而是要改变这种性质的作用,使教育摆脱资产阶级统治的影响,为无产阶级政治服务。也是在该部分,马克思、恩格斯就当时无产阶级革命任务提出10条虽然"不够充分"但是却"必不可少"的建议措施,这10条措施与恩格斯在《共产主义原理》中提出的12条措施内容上基本一致,只是在措辞和表达方式上有所不同,反映了马克思、恩格斯对当时无产阶级革命面临重要任务的一致看法。关于"教育"的建议是第10条,表述为:"对所有儿童实行公共的和免费的教育。取消现在这种形式的儿童的工厂劳动。把教育同物质生产结合起来。"[②]这一条建议中包含三句话,第一句"对所有儿童实行公共的和免费的教育",这里的"所有儿童",更主要的还应该是工人阶级子女,因为"公共的和免费的教育"正是他们所需要的,由资产阶级向无产阶级提供公共和免费的教育。第二句"取消现在这种形式的儿童的工厂劳动",明确主张工厂法颁布以来的斗争成果需进一步巩固,缩短儿童劳动时间、改善儿童劳动条件,防止无产阶级的子女从小就被变成"单纯的商品和劳动工具",并导致畸形发展。第三句"把教育同物质生产结合起来",强调无产阶级争取受教育权与劳动权的统一。从这些分析来看,第10条措施的性质还是无产阶级在开展政治斗争中向资本主义国家所争取的系列权利的一部分,有着明确的政策内涵,其根本目的在于彻底地消灭阶级、阶级对立和社会不平等,实现个人和一切人的自由发展。

三、《临时中央委员会就若干问题给代表的指示》中的体现

1866年,马克思为国际工人协会日内瓦代表大会的伦敦代表写了一份指示信《临时中央委员会就若干问题给代表的指示》。在文件的"男女儿童和少年劳动"部分,马克思给出具体意见:现代工业吸引男女儿童和少

[①] 马克思,恩格斯. 马克思恩格斯选集(第一卷)[M]. 中共中央马克思恩格斯列宁斯大林著作编译局,编译. 北京: 人民出版社,2012: 417.
[②] 马克思,恩格斯. 马克思恩格斯选集(第一卷)[M]. 中共中央马克思恩格斯列宁斯大林著作编译局,编译. 北京: 人民出版社,2012: 422.

年参加社会生产事业是一种进步的、健康的以及合乎规律的趋势;每个儿童从9岁起应当像个有劳动能力的成人那样成为生产工作者;小学教育最好不到9岁就开始;儿童和少年的权利应当得到保护;儿童的劳动时间应该根据儿童的年龄分成3类进行确定;把有报酬的生产劳动与智育、体育、综合技术教育结合起来;对儿童和少年工人应当按不同的年龄循序渐进地授以智育、体育和技术教育课程。

这些指示反映了马克思对于教育与生产劳动相结合内涵的理解,体现了他对于工人阶级子女从小参加生产劳动的基本态度。在指示信中,马克思认为:"最先进的工人完全了解,他们阶级的未来,从而也是人类的未来,完全取决于正在成长的工人一代的教育。"[①]值得注意的是,马克思在这里说的"教育"不仅仅是"智育",还包括"体育""综合技术教育"等。马克思明确指出:"我们把教育理解为以下三件事情:第一,智育;第二,体育,即体育学校和军事训练所教授的东西;第三,技术教育,这种教育使儿童和少年了解生产各个过程中的基本原理,同时使他们获得运用各种生产的最简单的工具的技能。"[②]从马克思对教育的说明来看,尤其是强调技术教育,可以看出他所关注的接受教育的对象主要还是工人阶级儿童和少年。在文件最后,针对大工业时代以来资本家和资产阶级思想家对工人阶级在智力、性情、道德、习惯等方面的讽刺与抹黑,马克思指出,"把有报酬的生产劳动、智育、体育和综合技术教育结合起来,就会把工人阶级提高到比贵族和资产阶级高得多的水平"[③],强调了通过教育与生产劳动相结合可以提升工人阶级整体的素质,这一点至关重要和必要。

四、《资本论》中的体现

1867年,马克思的鸿篇巨著《资本论》第一卷问世。《资本论》第一卷以唯物史观为指导,研究商品、货币和资本,通过对直接生产过程的分析,揭示了资本主义的一般基础(商品经济)、剩余价值的秘密、资本的

[①] 杨兆山,姚俊.马克思主义经典作家教育文论选讲[M].沈阳:辽宁人民出版社,2017:96.
[②] 杨兆山,姚俊.马克思主义经典作家教育文论选讲[M].沈阳:辽宁人民出版社,2017:96.
[③] 杨兆山,姚俊.马克思主义经典作家教育文论选讲[M].沈阳:辽宁人民出版社,2017:96.

本质、资本主义的基本矛盾及其发展的历史趋势。在其第四篇"相对剩余价值的生产"第十三章"机器与大工业"一章中，马克思分析了机器化大生产对工人片面发展的直接影响，指出："机器劳动极度地损害了神经系统，同时它又压抑肌肉的多方面运动，夺去身体上和精神上的一切自由活动。甚至减轻劳动也成了折磨人的手段，因为机器不是使工人摆脱劳动，而是使工人的劳动毫无内容。……生产过程的智力同体力劳动相分离，智力转化为资本支配劳动的权力，是在以机器为基础的大工业中完成的。"[①]

与此同时，马克思也指出，造成工人阶级及其子女片面发展的根本原因不是机器大工业生产本身，而是驱动和控制这种机器大工业生产的资本主义生产关系。不仅如此，马克思还指出，大工业的本性是革命的，为工人阶级的全面发展创造了客观条件。"现代工业的技术基础是革命的，而所有以往的生产方式的技术基础本质上是保守的"，"大工业的本性决定了劳动的变化、职能的更动和工人的全面流动性"。[②]

正是基于上述认识，马克思在该章第九小节"工厂立法"部分提出："尽管工厂法的教育条款整个说来是不足道的，但还是把初等教育宣布为劳动的强制性条件。这一条款的成就第一次证明了智育和体育同体力劳动相结合的可能性，从而也证明了体力劳动同智育和体育相结合的可能性。"[③]在这里，马克思指出工厂法中的教育条款是"不足道的"，是因为它所承诺的14岁以下参加生产劳动儿童的教育仅限于每天2小时的初等教育，而且能否为工厂主所遵守还存在很大不确定性。即使如此，马克思还是高度评价了教育条款的法律化，认为它从制度上为实现智育和体育同体力劳动相结合提供了可能性。马克思深刻指出："从工厂制度中萌发了未来教育的幼芽，未来教育对所有已满一定年龄的儿童来说，就是生产劳动

---

① 马克思, 恩格斯. 马克思恩格斯选集（第二卷）[M]. 中共中央马克思恩格斯列宁斯大林著作编译局, 编译. 北京: 人民出版社, 2012: 227.

② 马克思, 恩格斯. 马克思恩格斯选集（第二卷）[M]. 中共中央马克思恩格斯列宁斯大林著作编译局, 编译. 北京: 人民出版社, 2012: 231.

③ 马克思, 恩格斯. 马克思恩格斯选集（第二卷）[M]. 中共中央马克思恩格斯列宁斯大林著作编译局, 编译. 北京: 人民出版社, 2012: 230.

同智育和体育相结合，它不仅是提高社会生产的一种方法，而且是造就全面发展的人的唯一方法。"①在这里，马克思首次谈到教育与生产劳动相结合的生产力基础——建立在科学技术和生产社会化基础上的机器大工业生产，首次阐明了它的重大意义——不仅是提高社会生产的一种方法，而且还是造就全面发展的人的唯一方法。这标志着马克思、恩格斯教育与生产劳动相结合理论的形成。正如陈桂生所说："马克思把生产劳动与教育的结合作为'造就全面发展的人的唯一方法'，同大工业生产劳动结合的教育，包括智育、体育、综合技术教育。表明马克思主义所谓智育、体育、综合技术教育都是以生产劳动为实践基础的教育。"②

五、《哥达纲领批判》中的体现

《共产党宣言》中，马克思、恩格斯曾指出：教育的性质取决于社会关系，有着阶级性，资本主义社会关系决定着资产阶级教育，所以资本主义社会的不平等，决定了其教育也不可能平等。

1875年，《哥达纲领批判》发表，批判了拉萨尔派的机会主义观点和教育观点，发展了马克思主义教育思想，拉萨尔认为"教育公平"，显然是一种不切实际的说教，只是以表面的平等掩盖了事实的不平等。"共产党人并没有发明社会对教育的作用；他们仅仅是改变这种作用的性质，要使教育摆脱统治阶级的影响"③。

在《哥达纲领批判》中的有关教育方面，马克思指出《哥达纲领》所提出的"由国家实行普遍的和平等的国民教育。实行普遍的义务教育。实行免费教育"的主张，显然忽视了教育的阶级性、德国工人阶级的实际需求以及技术教育的重要性，其本身对工人和广大劳动群众没有好处，倒是有助于培养工人阶级对国家的绝对忠顺，资产阶级给工人以教育，只是为

---

① 马克思,恩格斯. 马克思恩格斯选集(第二卷)[M]. 中共中央马克思恩格斯列宁斯大林著作编译局,编译. 北京：人民出版社,2012：230.
② 陈桂生. 略论人的全面发展理论与教育目的[J]. 华东师范大学学报(教育科学版),1992：45-50.
③ 马克思,恩格斯. 马克思恩格斯选集(第四卷)[M]. 中共中央马克思恩格斯列宁斯大林著作编译局,编译. 北京：人民出版社,1958：486.

了"把人训练成机器罢了",最终是以表面上的不平等掩盖了事实的不平等。在谈到《哥达纲领》中"由国家实行普遍的平等的国民教育",马克思认为这更是要不得的,因为资本主义国家只是镇压人民的工具,通过资本主义国家来教育人民和无产者,后果不堪设想。马克思还驳斥了拉萨尔在《哥达纲领》中提出的禁止童工的要求,并借此进一步强调了把教育与生产劳动相结合的思想。

关于"限制妇女劳动和禁止儿童劳动",马克思认为要说清楚"限制妇女劳动"的内涵和条件,以及"禁止儿童劳动"中必须指明年龄界限。在这里,马克思再次重申了他在《临时中央委员会就若干问题给代表的指示》中的观点:"普遍禁止儿童劳动是同大工业的存在不相容的,所以这是空洞的虔诚的愿望。实行这一措施——如果可能的话——是反动的,因为在按照不同的年龄阶段严格调节劳动时间并采取其他保护儿童的预防措施的条件下,生产劳动和教育的早期结合是改造现代社会的最强力的手段之一。①"

马克思认为现在的问题在于资本主义条件下资本家雇用童工,是以摧残儿童为代价,榨取更多的血汗,在根本上与大工业发展客观上提出的"人的全面发展"相悖的,但是这绝不意味着可以借此否定或忽视教育与生产劳动的早期结合。

在《哥达纲领批判》中,马克思反复重申这样的态度,他指出该纲领要求由国家实行国民教育是"完全要不得的",应当把政府和教会对学校的任何影响都排除掉,因为这些教育举措是"远离社会主义"的。马克思当然不是反对政治教育和义务教育,在当时的境遇下,他深刻地认识到,教育必然是阶级斗争的一部分,就如同革命不会是合法的一样,革命的意识形态断然不会从合法的学校中习得。当他要求在日常生活中、在成年人那里去学习时,他指的是到工厂和车间去,到资本主义的实际生产运作中去,因为那里才是工人的现实生活,才是无产阶级革命意识的来源。资产

---

① 马克思,恩格斯. 马克思恩格斯选集(第19卷)[M]. 中共中央马克思恩格斯列宁斯大林著作编译局,编译. 北京: 人民出版社, 1963: 35.

阶级提供的政治经济学不会让工人们看见剩余价值，看见"血和肮脏的东西"。要想改变社会，必须对社会关系有准确的认识，而这些认识只能通过阶级斗争的实际经验来获得。就此而言，生产劳动提供的不仅是技术教育，也包括政治教育。

六、《反杜林论》中的体现

恩格斯的《反杜林论》对当时柏林大学讲师杜林的一些哲学、政治经济学和所谓的社会主义思想进行了深刻批判，以肃清其在当时德国社会民主党中的消极影响。恩格斯在《反杜林论》中指出："他不但为整个'可以预见到的未来'，而且还为过渡时期详尽地制定中小学计划和大学计划。"[1]

在《反杜林论》第三篇"社会主义"的最后一节"国家、家庭、教育"中，恩格斯对杜林的"未来学校计划"予以嘲讽和批判，指出杜林的未来学校只不过是"稍微"完美一些的普鲁士中等学校，完全不适合工人阶级及其子女的需要。在所谓的未来学校中，虽然杜林也试图体现马克思、恩格斯劳动与教育相结合的原则，开设了技术教育课程，"但是，正像我们所看到的，旧的分工在杜林的未来的生产中基本上原封不动地保存下来，所以学校中的这种技术教育就脱离了以后的任何实际运用，失去了对生产本身的任何意义；它只有一个教学上的用途：可以代替体育"[2]。这表明，杜林并没有真正地理解马克思、恩格斯教育与生产劳动相结合的思想，在其论述中不仅力图保留旧式的分工、将这种分工合理化，而且将技术教育与真正的生产劳动相区隔。这显然是对马克思、恩格斯教育与生产劳动相结合思想的误读甚至是歪曲。

恩格斯在《反杜林论》中进一步发展了马克思的教劳结合思想，他指出："生产劳动给每一个人提供全面发展和表现自己全部的即体力和脑力

---

[1] 马克思,恩格斯. 马克思恩格斯全集(第20卷)[M]. 中共中央马克思恩格斯列宁斯大林著作编译局,编译. 北京：人民出版社, 1973: 344.
[2] 马克思,恩格斯. 马克思恩格斯选集(第三卷)[M]. 中共中央马克思恩格斯列宁斯大林著作编译局,编译. 北京：人民出版社, 2013: 710.

的能力的机会，这样，生产劳动就不再是奴役人的手段，而成了解放人的手段，因此，生产劳动就从一种负担变成一种快乐"，"要不是每一个人都得到解放，社会本身也不能得到解放"。①在恩格斯看来，生产劳动对个人具有重要意义，是人自由发展的重要手段，这与马克思的教劳结合思想相呼应。

从这些论述及其析出的文献主题和性质来看，马克思、恩格斯的教育与生产劳动相结合的思想内容与前期一些空想社会主义者、古典经济学家以及资产阶级启蒙思想家虽然有着历史的渊源关系，但完全是在一个新的视域展开的，不是对前期思想家有关论述的简单重复，而是结合时代需要赋予教育与生产劳动相结合这个命题以全新的内涵，这个视域就是随着资本主义的发展、现代机器大工业的出现而产生的无产阶级与资产阶级的斗争。

七、列宁的教育与生产劳动相结合思想

列宁1897年在《民粹主义空想计划的典型》中强调了教劳结合的重大意义，他指出："没有年轻一代的教育和生产劳动的结合，未来社会的理想是不能想象的：无论是脱离生产劳动的教学和教育，或者没有同时进行教学和教育的生产劳动，都不能达到现代技术水平和科学知识现状所要求的高度。"②列宁将教劳结合与实现未来理想社会联系起来，并在俄国十月革命后，将教劳结合与综合技术教育付诸实践。1919年《俄共（布）纲领草案》规定，对未满16岁的男女儿童一律实行免费的义务的普通教育和综合技术教育，把教学工作和儿童的社会生产劳动结合起来。③列宁1920年在《青年团的任务》中指出，"共产主义青年团必须把自己的教育、训练和培养同工农的劳动结合起来⋯⋯只有在与工农的共同劳动中，才能成为真

---

① 马克思,恩格斯. 马克思恩格斯全集（第20卷）[M]. 中共中央马克思恩格斯列宁斯大林著作编译局, 编译. 北京: 人民出版社, 1973: 318.

② 列宁. 列宁全集（第2卷）[M]. 中共中央马克思恩格斯列宁斯大林著作编译局, 编译. 北京: 人民出版社, 1984: 461.

③ 《苏联普通教育法令选择》第9页. 转引自成有信著《现代教育论集》, 人民出版社, 2002: 177.

正的共产主义者。"①列宁教劳结合的思想和方式对之后中国共产党开展的教劳结合实践产生了重要影响。

在列宁的领导下，十月革命后苏联共产党将"教育与生产劳动相结合"的思想写入党纲，形成对教育的实际指导。

第二节　马克思恩格斯教育与生产劳动相结合思想的解读

一、教育与生产劳动相结合是实现人自由全面发展的必然途径

马克思还在《政治经济学批判》中提到，在再生产的行为本身中……生产者也炼出新的品质，通过生产而发展和改造着自身，造成新的力量和新的观念，造成新的交往方式、新的需要和新的语言。②这表明，教育与生产劳动结合，是促进人全面发展的有效途。"未来教育对所有已满一定年龄的儿童来说，就是生产劳动同智育和体育相结合，它不仅是提高社会生产的一种方法，并且是造就全面发展的人的唯一方法。"③

马克思提出劳动创造财富的现代价值观，所以他强调包括儿童在内的所有人都应该"服从那普遍的自然规律"，即：'为了吃饭，必须劳动'。"④可以看到，他把劳动注入教育既有经济的原因：获得必需的生产生活资料；也有道德的原因：即使摆脱了不公正的雇佣劳动，"不劳动者不得食"的价值观依然是需要维持的。更重要的是，哪怕在物质充裕的良好社会里，劳动也是必需的，它虽然不再承担满足物质需要的职能，却获得了人的自我实现、自我确证的意义，它成为人的内在的"第一需要"。

---

① 列宁. 列宁选集（第4卷）[M]. 中共中央马克思恩格斯列宁斯大林著作编译局, 编译. 北京: 人民出版社, 1995: 295.

② 马克思, 恩格斯. 马克思恩格斯全集（第46卷上册）[M]. 中共中央马克思恩格斯列宁斯大林著作编译局, 编译. 北京: 人民出版社, 1979: 494.

③ 马克思, 恩格斯. 马克思恩格斯全集（第23卷）[M]. 中共中央马克思恩格斯列宁斯大林著作编译局, 编译. 北京: 人民出版社, 1972: 530.

④ 马克思, 恩格斯. 马克思恩格斯全集（第21卷）[M]. 中共中央马克思恩格斯列宁斯大林著作编译局, 编译. 北京: 人民出版社, 2003: 269.

好的教育自然要促进人的内在提升。与康德（Immanuel kant）这些德国前辈泛泛而谈学习劳动对儿童是"最最重要的"[①]不同，马克思还接受了傅立叶、欧文等有工业革命生活经验的社会主义者的启发，他主张的"劳教结合"明确了指的是机器大生产中的劳动、现代工厂制度中的劳动。

生产力，特别是生产技术在马克思整个历史理论中的基础性意义毋庸赘言，他一再强调蒸汽机、珍妮走锭精纺机、改良的农业对现代人的解放作用。脱离了现代生产技术，人的自由全面发展——首先表现为克服自然的必然性的束缚，就无从谈起。有资格承担解放使命和享受自由的新人类，必然是接受了工业训练、有能力自主操纵机器大生产的现代工人阶级。因此，哪怕当时英国工厂法只是资产阶级为了获得更优质工人作出的被迫让步，但是把初等教育认定为童工劳动的强制性条件，还是证明了智育和体育同体力劳动相结合的可能性。童工被迫的半工半读的状况反倒成为造就全面发展的人的一个不道德却有益的契机。

二、区分机器大生产对人的培养和机器的资本主义应用对人的损害

现代工业只是催生了未来教育的幼芽，却无法结出果实。自动机器的出现，大大简化了从前复杂的手工业操作，它使分工细化为一个个几乎只需运用人的动物本能就能完成的环节，这从技术上消除了工场手工业让人终生固定为某类工匠的状况，也让工人成为可随时受雇进入任何生产领域的产业后备军。但这不是人的解放，而是人的全面退化。就以童工问题来说，由于机器生产对生产环节的拆解，使得手工业所要求的因人而异的分工和训练变得不再必要，儿童在现代工厂中都可以胜任大量无需特殊技能要求的工作。"凡是某种操作需要高度熟练和准确的手的地方，人们总是尽快地把这种操作从过于灵巧和易于违犯各种规则的工人手中夺过来，把它交给一种动作非常规律，甚至儿童都能看管的特殊机械来进行。"[②]与现

[①] 康德. 论教育学[M]. 赵鹏, 何兆武, 译. 上海: 上海人民出版社, 2005: 28.

[②] 马克思, 恩格斯. 马克思恩格斯全集(第5卷)[M]. 中共中央马克思恩格斯列宁斯大林著作编译局, 编译. 北京: 人民出版社, 2009: 497, 498.

第二章 马克思主义经典作家的教育与生产劳动相结合思想

代工业彰显人类智慧和技能的进步相反，童工在实际生产中是无技术的和反智的。印刷童工就是例证，他们从事印刷却无需识字，从幼年起就束缚在最简单的操作上，以致身无所长，当17岁后被解雇，就迅速成为罪犯的补充队。

不过，与蒲鲁东派等流俗的社会主义者不同，马克思不会退回到"田园诗般"的小手工业去。作为一个学习了政治经济学知识的历史唯物主义者，马克思明白，导致机器与工人为敌的不是机器本身，而是机器的社会使用："机器本身是人对自然力的胜利，而它的资本主义应用使人受自然力奴役"。①机器生产是人的本质力量对象化的体现，只是以剩余价值而非产品的使用价值为目的的资本主义生产才催生了附属于机器的童工，资本主义所提供的少量教育也只是为了训练出满足机器需要的奴隶。但是，机器大工业孕育的教育和解放的力量是不可抛弃的，也是在扬弃其资本主义式应用后必须接纳的："大工业又通过它的灾难本身使下面这一点成为生死攸关的问题：承认劳动的变换，从而承认工人尽可能多方面的发展是社会生产的普遍规律。"

在生产劳动的视野中，马克思明确自由而全面发展的人的两个特征："适应于不断变动的劳动需求而可以随意支配的人"和"把不同社会职能当做互相交替的活动方式的全面发展的个人"。②简言之，就是能够自主掌握生产而不被生产淘汰的工人。基于上述考量，马克思非常推崇技术培训。他明确指出教育包括三个部分：智育、体育和技术培训。他肯定资产阶级所提供的综合技术学校和职业学校，也预言工艺教育在工人学校中会有重要地位，因为这些学校为工人子女提供了工艺学培训。而工艺学的好处是让学生整体认识机械装置，一定程度上帮助工人避免沦为机器的附庸。必要的技术培训对于造就优秀工人不可或缺："一切在机器上从事的劳动，都要求训练工人从小就学会使自己的动作适应自动机的划一的连续

---

① 马克思,恩格斯. 马克思恩格斯文集(第5卷)[M]. 中共中央马克思恩格斯列宁斯大林著作编译局,编译. 北京：人民出版社,2009：508.
② 马克思,恩格斯. 马克思恩格斯文集(第5卷)[M]. 中共中央马克思恩格斯列宁斯大林著作编译局,编译. 北京：人民出版社,2009：561.

的运动。①"人类在可见的将来都免不了在机器上从事劳动,尽管雇佣条件下的技术培训只是为了得到更多的剩余价值而非更好的人,但是未来共产主义社会里,优质的技术培训会实现截然不同的结果,那就是"结合总体工人或社会劳动体表现为积极行动的主体,而机械自动机则表现为客体"②。

三、教育与生产劳动的结合是革命斗争的需要

马克思另一个让社会主义者都感到奇怪的地方是他对义务教育有所保留。在《共产党宣言》中他曾指出对所有儿童实行公共的和免费的教育是无产阶级革命的必要措施,但随着革命形势的变化和革命经验的积累,马克思对资产阶级国家所提供的义务教育有更细致的分析。在1869年的巴塞尔大会上,马克思作了关于现代社会教育问题的发言,其中他反对一位英国代表米尔纳的主张。米尔纳建议学校给学生讲授政治经济学的知识,特别是关于"劳动价值"和分配的理论。马克思有限度地赞成义务教育,他认可学校开设自然科学、文法规则等非政治性的科目,但认为政治经济学理论是不可能由资产阶级学校提供的,他强调,"年轻人应当在日常生活斗争中从成年人那里获得这种教育"③。

---

① 马克思,恩格斯. 马克思恩格斯文集(第5卷)[M]. 中共中央马克思恩格斯列宁斯大林著作编译局,编译. 北京:人民出版社,2009:484.
② 马克思,恩格斯. 马克思恩格斯文集(第5卷)[M]. 中共中央马克思恩格斯列宁斯大林著作编译局,编译. 北京:人民出版社,2009:483.
③ 马克思,恩格斯. 马克思恩格斯全集(第16卷)[M]. 中共中央马克思恩格斯列宁斯大林著作编译局,编译. 北京:人民出版社,1964:655.

第三章　中国古代教育与生产劳动相结合思想

第一节　远古时代的生活教育

远古时代，天地混沌，鸿蒙初开，民天抗争，先民们为了在自然中生存下来付出了大量努力与辛劳，并成功开创出一片天地。盘古开天辟地，女娲补天、鲧禹治水的神话故事都体现了先民们的劳动精神和奋斗之美。"尧聘弃，使教民山居，随地造区，研营种之术……乃拜弃为农师，封之台，号为后稷，姓姬氏。"（《吴越春秋·吴太伯传》）"后稷教民稼穑，树艺五谷，五谷熟而民人育。"（《孟子·滕文公上》）尧舜时期的这些故事表明，在远古时代，人民的劳动中就有着教育。

人类离不开教育，人类最早的教育是如何产生的？法国社会学家、哲学家勒图尔诺（C Letourneau）从生物学的角度认为，动物生存竞争的本能是教育产生的基础，提出了教育的"生物学起源说"；美国教育家孟禄（P Monroe），从心理学的角度认为儿童对成人的模仿是教育产生的基础，提出了教育的"心理学起源说"；俄罗斯的教育研究者依据恩格斯《家庭、私有制和国家的起源》及《劳动在从猿到人转变过程中的作用》等著作，从历史唯物主义观点出发，认为教育起源于劳动，提出了教育的"劳动起源说"。

这些教育起源学说从生物学、心理学、社会学等方面进行了分析，而根据科学工作者在对"巫山人"[①]故乡发掘的大量石器的研究，发现它们虽

---

① 注：在重庆巫山庙宇镇龙骨坡古人类遗址现场的考古工作中，发现了距今200多万年前的古老石器，该结果显示，"巫山人"距今200多万年，比元谋人还早30多万年。

然比较粗糙和简单,但都进行过二次加工,说明原始人已经开始根据需要制造工具。当时原始人的生活极其艰难困苦,需要依靠群体的力量,利用简陋的工具同自然界进行不懈的斗争,才能求得生存和发展。同时也需要把制造工具和使用工具的经验和方法传授给年轻的成员,使他们知道群体生活和生产活动的要求,是非常必要的。这便是原始的经验传授,即原始的教育活动,这种教育活动是在原始人的生活实践中进行的。这种原始教育活动可以把有限的社会生活和生产劳动的知识经验向年轻一代传授,使他们掌握相应的技能,适应群体社会生活和群体生产活动,成长为社会生活所需要的社会成员。

原始的教育内容往往与原始社会生活需要相一致,如如何制造和使用木器、石器工具;如何控制和使用火,如何表达交流,以及捕鱼狩猎、采集食物等的技术和经验;如何表达交流,当然还要教育遵守共同生活规范;等等。这种原始的教育活动,是作为人类的有意识的社会活动,具有一定的目的性,而且也是与原始人群的生活密切相关的,当时过什么样的社会生活,便进行什么样的教育,这是一种名副其实的生活教育。

原始的教育的方式主要是进行身教与言传,身教就是自身做出示范动作,以供模仿;言传就是说明是非要领以传经验,这是最原始也是一直沿袭至今的教育方式。历史的发展表明,进行教育有两方面的需要,一是社会实践活动的需要,二是人类自身生产的需要。社会生产包括物质资料的生产和人类自身的生产。人类自身的生产要以物质资料的生产为基础,同时也离不开教育。人类生产生活中的经验、知识和技能等,不是先天就有的,而是通过后天的教育学习和实践而获得的。所以年轻一代没有年长者进行言传身教的影响、传授、教育,就难以适应人类社会群体的正常生活,社会生产也会受到影响,社会也将停滞不前。

可见,远古人类社会特有的教育活动,源于人类适应社会生活的需要和人类自身身心发展的需要,是人类社会存在和发展的必要条件。远古时期的教育活动和人们的生活劳动生产等活动没有明确的界线,教育活动教授生存和生活劳动的经验技能的同时,生活劳动中也进行着言传身教的教育活动,可以说是教劳不分,教劳融合。"远古"时代,虽然没有专门的教育机构，但是已经开始进行有目的、有意识的教育活动，为以后的学校教育奠定了基础。

学校教育大约出现在五千年前的父系氏族公社时期，社会生产得到了一定的发展，农业是当时主要的经济部门，社会大分工使得手工业从农业中分离出来。私有制产生，阶级分化，人类进入阶级社会，氏族公社制度转变为部落联盟与军事民主制度。社会经济基础、政治结构的变革，推动着教育的变化，与社会生活相融合的教育逐渐分化出来，出现了学校教育的萌芽。

第二节　先秦时期的教育与生产劳动

随着历史的发展，教育活动的形式和内容都有了巨大的变化，从舜开始就有明显的分化。舜作为部落联盟的首领，安排有文化的公职人员，对显贵的后裔施教。《尚书·尧典》记载："夔！命汝典乐，教胄子。""契，百姓不亲，五品不逊，汝作司徒，敬敷五教，在宽。"前者是记载教胄子，后者是记载教百姓，两者都是施教。然而，一是专门教育，一是社会教育，教育的目的、内容都不相同，这是对不同等级实施的教育，势必造成它们朝不同的方向发展。教育的早期分化，使教育设施呈现出等级差别。《礼记·王制》记载："有虞氏养国老于上庠，养庶老于下庠。"把庠分为上、下，安排不同社会地位的人，显示一定等级。这种养老和教学兼行的机构，是学校的萌芽。

进入奴隶社会，奴隶主阶级掌握政权，也垄断了文化教育，教育成为剥削阶级的特权，不再为全民服务，反而成为统治人民的工具，为满足培养子弟成为统治人才的需要而设置教育机构，形成学校制度。劳动人民被迫参加生产劳动，统治者及其子弟则远离生产劳动，学习文化和知识。[①]这种制度可概括为学在官府、政教合一、官师不分。

---

① 杨少成，周毅成.中国教育史稿（古代、近代部分）[M].北京：教育科学出版社，1989：5-12.

在官学教育体系中，只有贵族子弟可以进入学校读书识字，《礼记·明堂位》记载，"殷人设右学为大学，左学为小学，而作乐于瞽宗"。"右学""左学"便是商朝专门的教育机构。

在阶级分化和劳动分离的基础上，奴隶主阶级脱离生产劳动，成为劳心者，垄断了以传授文化知识为主要内容的文化教育。奴隶主为了将年轻人培养成为强有力的统治者，需要组织特殊的教育训练。教育逐步成为独立的社会活动，学校教育便是教育的主要形式。被统治的奴隶阶级，成为劳力者，只能接受生产劳动教育和统治者所施行的社会教化。为了适应社会劳心与劳力分工的需要，教育也逐渐分化为培养劳心者的专门教育和教化劳力者的社会教育两种类型。教育的阶级性逐渐显露，教育也发生了分化，这是历史发展的必然，也是社会的一种进步。

周朝时期，教育体系进一步发展，学校分为"国学"和"乡学"两种，"国学"又分为大学和小学，"乡学"包括塾校序庠。教育的主要内容为"六艺"，即礼、乐、射、御、书、数，其中包括动手实践的内容和环节。为发展教育，政府还专门设置主管教育的官职，《周礼·春官宗伯》记载，"大司乐：掌成均之法，以治建国之学政"，大司乐即为专门的教育官职。

周朝时期的学校教育制度，有大学、小学之分，有国学、乡学的衔接，有丰富的六艺教育内容，体现了当时社会文化发展的成果，已是比较完备的设置，可以说西周教育制度是夏商周三代教育的典型。此时小学已经比较完善和成熟，教育形式、内容、师资等都有明确的规定，其中"小学"分为在宫廷附近的和设在郊区的两种；主要教育内容就是德、行、书数、射御，同时结合"六艺"中的礼、乐课程，强调德行教育；小学教师由官吏兼任，官职为教职的前提，师资的选聘由政府决定，呈现"官师合一"的特征。

奴隶主对未来统治者的培养，进行"六艺"的专门教育，使其具有贵族政治道德思想和军事技能，但他们先要经过家庭教育，然后才能接受学校教育。在家庭教育中，主要进行基本的生活技能和习惯的教育，初步的礼仪规则教育，基本知识的教育等，如尊敬长辈，以及对数、方位和时间等的认知。受男尊女卑思想的影响，在家庭教育上也是男女有别。从7岁起男女儿童的教育开始分途，女子主要进行女德教育，为培养贤妻良母，教授女红等基本技能，相对地被轻视。按儿童年龄的发展提出不同教育要求，而且家庭教育有较明显的计划性，说明西周的家庭教育已有较大的进步，这些都体现了初步的教育与实践相结合的思想。

第三节　春秋时期的教育与生产劳动

一、孔子的教育与生产劳动思想

到了奴隶制崩溃的春秋时期，官学衰废，学术下移，私学兴起，儒家、法家、道家等思想流派随之产生，纷纷宣传各自的主张，出现百家争鸣的新局面。孔子是儒家学派的创始人，在政治上主张改良，试图利用教育的力量改造社会。他提出一系列的教育主张，形成教育思想体系，为中国古代教育理论奠定了基础，儒家学派的德育伦理思想对后来的小学思想品德教育有深刻影响，并流传两千多年，成为中华教育传统的主流，也是世界珍贵的教育遗产。

孔子出生于没落奴隶主贵族家庭，其"少也贱"，长期生活在社会底层，了解人民的愿望，孔子非常重视教育，他认为教育和人口、财富是立国的三大要素。注重启发民智，创办私学，学下庶人，打破"学在官府"的传统，把文化教育从官学的桎梏下解放出来，他认为老百姓应该受教育，孔子教学的主要对象是士，他的教育目的就是将士培养成为他理想的人才，主要就是要培养士成为君子，从而改善春秋以来"天下无道"的局面。

孔子虽然对劳动和劳动教育的论述较少，不过强调仁、义、礼、智、信，提倡"言必信，行必果"。注意学生"学思行"的结合，孔子主张把当官与学习紧密联系起来，在《论语·子张》中记载：子夏曰："仕而优则学，学而优则仕"。孔子的教育目的是要培养治国安邦的贤能之士。"学而优则仕"，说明学习是培养官员的途径，而学习成绩优良才能做官。孔子积极向当权者推荐、输送人才，"天下有道则见，无道则隐。邦有道，贫且贱焉，耻也；邦无道，富且贵焉，耻也。"《论语·泰伯篇》

孔子还认为治理国家不能只靠政令、法律，而要通过教育引导实现德政。子曰："道之以政，齐之以刑，民免而无耻；道之以德，齐之以礼，有耻且格。"（《论语·为政》）这表明教育可以感化人，既让百姓守规矩，又使百姓有"羞耻之心"，形成道德信念的力量，收到德治的效果。孔子一生以"朝闻道，夕死可矣"的精神追求，倡导培养弘道的志士仁人。他说："人能弘道、非道弘人"，"士志于道，而耻恶衣恶食者，未足与议也"，"笃信好学，守死善道"，"志士仁人，无求生以害仁，有杀身以成仁"等。

为培养仁人君子，孔子重视学习，更重视行动，主张知行合一。《论语·学而》首句，子曰："学而时习之，不亦说乎？"《论语·公冶长》记载："子路有闻，未之能行，唯恐有闻。"在《论语·子路》孔子说："诵《诗》三百，授之以政，不达；使于四方，不能专对；虽多，亦奚以为？"所以孔子主张学以致用，知行统一。孔子还把"行"纳入我国古代道德教育内容。在《论语·公冶长》中他说："始吾于人也，听其言而信其行；今吾于人也，听其言而观其行。"他教育学生务必慎重，不要说大话，真正的君子从来都是"耻其言而过其行"（《论语·宪问》）。孔子强调学习知识要"学以致用"，要将学到的知识运用于社会实践之中。把学到的知识要"笃行之"，他要求学生们说话谨慎一些，做事则要勤快一些，孔子在《论语·里仁》说："君子欲讷于言而敏于行"，意思是，君子说话应该谨慎，而行动要敏捷。知行合一，由学而行，这就是孔子所探究和总结的教育过程，这一思想对后来的教育思想和教学实践产生了深远影响。

二、墨子的教育与生产劳动思想

墨子是劳动教育的代表人物，他高度重视生产劳动，主张"兼爱非攻"等思想，并把自己的主张与生产劳动结合起来，提出"赖其力者生，不赖其力者不生"的观点，乃至于"劳形天下"，是一位伟大的劳动者。

毛泽东称墨子为中国的"赫拉克利特",并曾指出:"历史上的禹王,他是做官的,但也耕田。墨子是一个劳动者,他不做官,但他是一个比孔子高明的圣人。孔子不耕地,墨子自己动手做桌子、椅子。"①

墨子高度重视劳动,认为劳动是生存的第一要义。因此《墨子》中强调"赖其力以生",所有人都要有高度的劳动自觉性,要"各从事其所能""有力者疾以助人,有财者勉以分人,有道者劝以教人",只有人人劳动,才能使"饥则得食,寒则得衣,乱则得治"。②

在注重劳动的基础上,墨子认为劳动必须通过身体劳动来实现,因此人人都要亲身参与劳动实践。在《墨子》一书中,墨子反复强调以身戴行、身体力行,在《修身》里说:"君子勤奋于事,"又说:"名不可简成也,誉不可巧而立也。"③

在他看来,一个人的声誉不可能靠侥幸获得,要靠身体力行的实践才能建立,光说不做、言行不一,不是君子所为。

墨子积极地身体力行,用自身的行动、劳动去实践兼爱精神。最有名的例子就是墨子救宋,《墨子》记载:"公输盘为楚造云梯之械,成,将以攻宋。子墨子闻之,起于鲁,行十日十夜而至于郢,见公输盘"。④这里突出墨子一听到即将有战争,立刻"起","行十日十夜",非常深刻地刻画出了墨子急于阻止战争的行动特征,体现出墨子为落实兼爱的义于天下的身体力行。

墨学得以广泛流传,固然依靠墨子各种思想的强大生命根基,但也离不开墨子学派言传身教、注重实践的好传统。一方面,墨子首先是一个出身于底层、从事手工业生产的劳动者、实践者;另一方面,在实践的基础上总结思想,形成了"兼爱""非攻""尚贤""节用""交利""强力从事"等思想。《墨子·耕柱》云:"言足以复行者,常之;不足以举行者,勿常。不足以举行而常之,是荡口也。"墨子教授门徒既有理论说

---

① 郑林华.中共早期领导人对墨家思想的继承和弘扬[J].党史博览,2018(1):4-9.
② 墨翟.墨子[M].长春:吉林大学出版社,2011:41.
③ 墨翟.墨子[M].长春:吉林大学出版社,2011:5.
④ 墨翟.墨子[M].长春:吉林大学出版社,2011:269.

教，更是以身示范、注重实践。

墨子同样根据弟子不同的知识水平，实施不同的教学方法。墨子认为教育的目的是培养"兼士"，他在教育内容上注重生产知识和技能，在教育方法上重视言行一致，认为学生要把所学知识和行动结合起来，躬行实践，否则知识就是无用的教条。墨子认为求得真正的知识要亲身观察、实地调查。

墨子这种知行合一的教育理念，无论是对于教育还是对于劳动来讲，都颇为值得借鉴，对于劳动教育具有极大的借鉴意义。

三、春秋以后的教育与生产劳动思想

同墨子一样提出教育需要与实践结合、与生产劳动结合的中国古代教育家不在少数。战国末期的荀子把学习分为三个阶段，分别是"闻见""知""行"。"闻见"是感性的认识，"知"是进一步的理性认识，"行"是最后的实践阶段。三个阶段中，荀子尤其重视"行"："不闻不若闻之，闻之不若见之，见之不若知之，知之不若行之。学至于行之而止矣。"（《荀子·儒效》）此外，荀子还认为教育需要专心致志，日积月累才能显出成效。

汉朝时，耕读成为私学领域的重要教育模式，如郑玄提出"客耕东莱，学徒相随已数百千人"（《后汉书·张曹郑列传》），是最早的半工半读模式。西晋时，徐苗"少贫，躬耕力学"，凭耕作以支持自己的教育活动。唐朝时，龚履素"居南雪山三十余年，倾产买书，聚徒教授。讲肆之暇，荷锄躬耕。弟子自远而至者，与均衣食"。（《江西通志·卷六十六》）

宋朝时，书院兴起，不少书院设立经义斋和治事斋，教授治兵、水利、治民等。如胡瑗"重经义及时务之风"，在学校中设经义斋和治事斋，学习讲武、治民、水利、算术等，以明达体用。陆九渊上承孔孟，下启王阳明，率弟子开山造田，聚粮筑室，相与讲习。元朝时，社学教育兴起，学生边耕边读，农忙务农，农闲入读。

朱熹继承了孔孟的教学方式，并结合自己的经验提出两点主张：一是

"穷理"与"笃行"相结合。朱熹不论是教育学生,还是自己治学,都主张"穷理以致其知,反躬以践其实"。二是坚持循序渐进、熟读精思的原则。他编写《童蒙须知》,以培养儿童良好的生活习惯,要求儿童"始于衣服冠履,次及洒扫涓洁,次及读书写字,及有杂细事宜,皆所当知"。朱熹认为读书要有先后次序,反复练习,学与思结合才能彻底掌握和领悟知识。

明朝时,吴与弼提出"居乡,躬耕食力,弟子从游者甚众"(《明儒学案·崇仁学案一》)。清朝时,书院渐弱,后期兴办学堂。明末清初的颜元认为人人应以生产劳动为己任,他把"礼、乐、射、御、书、数、兵农、钱谷、水火、工虞"(《存学编·卷一》)等经世之学作为教育内容。马光裕"奉以夏峰田庐,逆率子弟躬耕,四方来学,愿留者,亦授田使耕,所居遂成聚。"(《清史稿》列传·卷二百六十七》),倡导"学贵适用"。

王阳明在教学上重视"知行合一"的原则,认为不管是只思索不躬行,还是任意去做不省察都不可取,都不能获得真知,只有"知行合一"才能求得真知。王阳明也注重"自求自得"的原则,提倡独立思考,不盲从。他同样在教育上贯彻"循序渐进""量力性"和"因材施教"的原则,认为学习要"随人分限所及",尊重学生的个性差异。特别是在儿童教育方面,王阳明反对束缚儿童身心、教育手段粗暴、施加体罚,主张对儿童的教育要依据"乐嬉游而惮拘检"的特点进行,从"诗歌""习礼""读书"三个方面陶冶儿童情操。为了更好地教育儿童,他在《训蒙大意》中还加入了德育、智育、体育和美育等方面的教育内容。

第四章　中国近代教育与生产劳动相结合思想

第一节　1949年前：教育与生产劳动相结合思想的萌芽

辛亥革命推翻了千年帝制后，蔡元培发表《对于教育方针之意见》，提出了以军国民教育、实利主义教育、德育、美育和世界观教育并举的教育方针，任北京大学校长期间，他主张"思想自由，兼容并包"，反对旧教育，提倡新教育。俄国十月革命胜利后，马列主义传入中国。陈独秀在上海成立了马克思主义研究会，探讨社会主义学说和中国社会改造问题。在当时"民主"与"科学"精神的影响下，一些先进知识分子，猛烈抨击"万般皆下品，唯有读书高"的传统观念，倡导知识分子自食其力，躬身劳动。他们主张教育机会人人均等，主张工人、农民要受教育，要有知识。倡导知识分子走向田间、进入车间，与工农打成一片，参加劳动。受马克思主义及俄国教劳结合实践的启发和影响，中国共产党人进行了早期的教劳结合探索。19世纪20年代工农主义教育思潮中，"以工兼学，勤工俭学，工人求学，学生做工，工学结合，工学并进"的教育教学方式广为普及。革命先驱李大钊积极传播马克思主义，提出，"要想把现代的新文明，从根底输到社会里面，非把知识阶级和劳工阶级打成一气不可"。[①]对无产者执行的教育设想——"对所有儿童实行公共的和免费的教育，取消现在这种形式的儿童的工厂劳动，把教育同物质生产结合起来"。

北京市丰台区长辛店祠堂口胡同1号，有一座小三合院，是长辛店劳动补习学校旧址，屋内黑板上写着"劳工神圣"四个大字。安源路矿工人补

[①] 李大钊. 李大钊文集（上卷）[M]. 北京：人民出版社，1984：648.

习学校、长沙农村补习教育社、广州农民运动讲习所……20世纪20年代，中国共产党人普遍采用工读结合、耕读结合的方式对工农群众开展教育，在教育实践中践行脑力劳动与体力劳动相结合、理论必须联系实际的原则，唤醒工农群众的斗争意识。可见，在中国共产党建党前后，一些仁人志士和早期共产党人为了探寻在中国实现民主革命的道路，提倡把教育与生产劳动相结合，并希望借此改造旧知识分子身上轻视、鄙视劳动和劳动人民的封建思想，这是当时极其进步的革命思想。

随着中国共产党在政治上的逐渐成熟和革命根据地的不断壮大，教育与生产劳动相结合的思想在共产党的教育实践中得到充分体现。

1934年1月，中华苏维埃共和国第二次全国苏维埃代表大会召开。毛泽东在大会报告中指出："苏维埃文化教育的总方针在什么地方呢？在于以共产主义的精神来教育广大的劳苦民众，在于使文化教育为革命战争与阶级斗争服务，在于使教育与劳动联系起来，在于使广大中国民众都成为享受文明幸福的人。"[1]

"教育与劳动联系起来"成为苏维埃文化教育总方针的重要内容。在苏区，生产劳动是学校课程必不可少的一部分。不少学校都建立了生产劳动的实习场所，如儿童菜园、肥料所等。传统上，闽西苏区是不种棉的，学习了《种棉指南》后，儿童在老师的指导下开始种植棉花，学校还将种棉技术推广，当地农民也开始种棉，取得了一定的经济效益。

在抗日根据地，为突破敌人的经济封锁，中共中央号召开展大生产运动。无论是在陕甘宁边区还是敌后各个抗日根据地，中小学都积极投入到大生产运动中，从教学制度、教学内容到教学方法，都与生产劳动结合起来，为抗日战争的胜利贡献了力量。

在教学制度上，课时安排依据农活的忙闲灵活调整。在绥德四十里铺完小，当地5天一小集、10天一大集，许多学生都要回家帮大人照看摊位，因此该校每个星期五上午上课，下午放假。每个大集日早上上课，早饭后

---

[1] 中共中央文献研究室、中央档案馆编.建党以来重要文献选编(1921—1949)第11册[M].北京:中央文献出版社,2011:127.

学生就可以回家帮大人做活儿了。

在内容上，小学生主要学习基本的生产常识，最主要的是接受劳动观念教育。延安杨家湾小学把当地的生产情况和生产经验编成联句教学生。四月棉花下种，教学生"四月里来枣芽发，家家户户种棉花，温水泡籽柴灰拌，向阳川地把种下"；割麦时，教学生"五月天，割麦忙，学生娃娃出书房"；夏耕时，教学生"夏天锄草要加油，一年荒了三不收"……

在教学方法上，学校把一些与生产相关的学科同生产实践紧密联系起来。化学课上讲了做豆腐的原理后，便组织学生做豆腐；学了化学反应原理后，师生就共同熬碱、制墨水、造纸，把知识转化为技能，又把技能转化为产品，支持根据地的大生产运动。

陕西师范大学教授栗洪武长期研究老解放区教育，他在研究中指出，正因为把教育和生产劳动结合起来，群众打消了"儿童念书后不会生产"的顾虑，称赞"儿女念书学灵了，能识字，又能生产"，纷纷把孩子送到学校，大大促进了边区教育发展。[1]

中国共产党成立后，马克思关于教育与生产劳动相结合的思想在中国大地上开始第一次实践。中国教育科学研究院副研究员刘巧利认为，新民主主义革命时期，在战争环境中，只有教育与生产劳动相结合才能克服办教育的物质困难并支援革命斗争，同时唤醒工农群众的革命意识，树立无产阶级的世界观。[2]

第二节　1950—1978年：教育与生产劳动相结合思想的探索

新中国成立之初，百废待兴，劳心与劳力的分离不符合社会主义建设的需要。1949年《中国人民政治协商会议共同纲领》将"爱劳动"列为国民五项公德之一。1950年，时任教育部副部长钱俊瑞在《当前教育建设

---

[1] 栗洪武.陕甘宁边区中小学校贯彻"教育与生产劳动结合"方针的经验和意义[C]//北京：纪念《教育史研究》创刊二十没入库年论文集(11)，2009：639.
[2] 欧媚.树德增智育新人——教劳结合的实践探索[N].中国教育报，2021-07-24.

的方针》中指出，为工农服务、为生产建设服务是新民主主义教育的中心方针。①同年召开的第一次全国高等教育会议指出，教育务必与实际相结合，加强学校与工农生产的紧密联系。1950年，《中学暂行教学计划（草案）》规定，课外自修、生产劳动、文娱活动及社会服务应有计划地配合正课进行。1955年，教育部发布《关于初中和高小毕业生从事生产劳动的宣传教育工作报告》，要求通过体力劳动进行劳动教育，同时在课堂中贯彻劳动思想教育。同年，《关于小学课外活动的规定的通知》提出，生产技术教育要与智育、德育、体育、美育并举。

1956年，教育部发布《关于普通学校实施基本生产技术教育的指示（草案）》《1956—1957学年度中学授课时数表》，都对生产技术教育的每周上课时间和具体要求作了明确规定。1957年，毛泽东在《关于正确处理人民内部矛盾的问题》中提出："我们的教育方针，应该使受教育者在德育、智育、体育几方面都得到发展，成为有社会主义觉悟的有文化的劳动者。"②1958年，《中共中央、国务院关于教育工作的指示》中指出："在一切学校中，必须把生产劳动列为正式课程，今后的方向是学校办工厂和农场，工厂和农业合作社办学校。"

1958年，共青团中央发布《关于在学生中提倡勤工俭学的决定》。同年8月1日，江西共产主义劳动大学正式开学。1964年，毛泽东指出，目前的教育模式过度重视文化教育，所学知识和实践有过多差距，要加强劳动实践。1965年，毛泽东批评学校教育理论脱离实际的现象，指出劳动教育是"贯彻用手与用脑、学习与劳动、生产与教育、理论与实际密切结合的原则"的必由之路。③

在改革前，教劳结合的思想有着改造知识分子的意味，甚至很多知识分子被下放劳动，接受改造，知识青年上山下乡，参加生产劳动，接受再教育，在校的学生也要参加劳动，从而保持劳动人民的本色。

---

① 钱俊瑞. 当前教育建设的方针 [J]. 人民教育，1950：10.
② 毛泽东. 毛泽东文集：第7卷 [M]. 北京：人民出版社，1999：226.
③ 党印，刘丽红，张诺. 教育与生产劳动相结合：理论溯源、历史演进与现实方向 [J]. 中国劳动关系学院学报，2022（2）：8-18.

在此之后，勤工俭学、半工半读、边学习、边劳动，学校办工厂、工厂办学校、劳动人民知识化、知识分子劳动化，成为广泛推广的教学模式，不过在实际推行中，由于受"左"倾错误思想的干扰，逐渐变成了勤工"减"学，"工"即"学"，以劳代学，劳动成为任务，成为改造思想的手段。劳动教育在政治、经济和认识上的意义被提升到前所未有的高度，而对生产劳动又片面极端地理解为体力劳动，过于强调生产劳动的作用，将其作为政治口号和思想改造的工具，与学习科学文化知识对立起来，给教育事业和生产劳动带来了极大损害。知识青年"上山下乡"的初衷是"以学为主，兼学别样，即不但学文，也学工学农学军"，后来逐渐发生变化，教育与生产劳动相结合发生了异化。

综合而言，这一时期教育与生产劳动相结合不仅使工农群众获得了学习的机会，也使知识分子积极参加劳动实践，更加了解劳动人民的生活。工农群众与知识分子都在自己欠缺的一面得到学习和发展，双方相互增进了解，但其中出现的异化现象为后续发展提供了警示。

第三节　1979—1999年：教育与生产劳动相结合思想的研究

1978年4月，邓小平在全国教育工作会议开幕式上发表重要讲话，指出新时期依然需要重视"教育与生产劳动相结合"，它是逐步消灭脑力、体力劳动差别的重要措施，是培养理论与实践相统一、学和用相统一、全面发展的新人的重要途径，"为了培养社会主义建设需要的合格人才，我们必须认真研究在新的条件下，如何更好地贯彻教育与生产劳动相结合的方针"。[①]会议强调，教育与生产劳动相结合是我国教育方针的重要组成部分，是坚持社会主义教育方向的一项基本措施。此时的教育方针把"教育与生产劳动相结合"放在教育促进社会发展、促进受教育者全面发展的基础上。由此可以看出，邓小平强调教育必须与国民经济发展的要求相适

---

① 中华人民共和国教育部. 邓小平教育理论学习纲要[M]. 北京：北京师范大学出版社, 1998: 44.

应、教育要联系社会发展实际，符合马克思主义关于"教育与生产劳动相结合"的教育本意。

党的十一届三中全会以后，党中央虽然对教育方针进行了调整，但重视人的全面发展、重视劳动教育的思想没有变。这个时期的教育方针强调"两个必须""三个面向"和"四有"。从文字表述来看，虽然没有直接提出教育与生产劳动相结合，但是较为全面地阐述了教育与社会发展之间的关系，强调了教育为社会发展服务的功能。随着改革开放初期全国关于真理问题大讨论的开展，教育领域也开展了大讨论，在教育的方向、途径、目标等方面取得了共识：教育的方向是为社会主义建设服务，教育的途径是教育同生产劳动相结合，教育的目标是德智体美全面发展。在这个时期，党围绕教育方针进行了多次调整，劳动教育始终是重要内容之一。如1981年，《中国共产党中央委员会关于建国以来党的若干历史问题的决议》指出，"用马克思主义世界观和共产主义道德教育人民和青年，坚持德智体全面发展，又红又专，知识分子与工人农民相结合，脑力劳动与体力劳动相结合的教育方针"[1]；1981年的《政府工作报告》提出，要培养大量的各级各类专门人才和大批熟练的劳动者，并且把"坚持脑力劳动和体力劳动相结合"放到了"知识分子与工人、农民相结合"的前面。1985年颁布的《中共中央关于教育体制改革的决定》提出"教育必须为社会主义建设服务，社会主义建设必须依靠教育"。1990年12月，党的十三届七中全会通过的《中共中央关于制定国民经济和社会发展十年规划和"八五"计划的建议》明确提出，继续贯彻教育必须为社会主义现代化建设服务，必须同生产劳动相结合，培养德智体全面发展的建设者和接班人的方针。[2] 1991年，全国教育工作会议再次强调了党的十三届七中全会通过的教育方针以及教育为谁服务、与谁结合的问题。可见，从1978年到1991年，党中央虽然对教育方针的内容进行多次调整完善，但是始终重视"教育与生产劳动相结合"。

---

[1] 宗韵,王炳照,李国钧.中国教育通史[M].北京:北京师范大学出版社,2013:309.

[2] 宗韵,王炳照,李国钧.中国教育通史[M].北京:北京师范大学出版社,2013:310.

全面发展的人才是随着改革开放的推进逐步提出的。1986年的《中华人民共和国义务教育法》用"品德、智力、体质等方面全面发展"代替了20世纪50年代"使受教育者在德育、智育、体育几方面都得到发展"的提法，明确了社会主义建设需要的人才结构和素质要素，更加确切地提出这些方面的全面发展是为了"提高全民族的素质"，而中小学的教育是为培育具备"四有"的社会主义建设者奠定基础的。这样的提法更加符合社会实际，符合义务教育阶段的人才培养实际。

1978年4月22日，邓小平《在全国教育工作会议上的讲话》中说"马克思、恩格斯、列宁和毛泽东同志都非常重视教育与生产劳动相结合，认为在资本主义社会里这是改造社会的最强有力的手段之一；在无产阶级取得政权之后，这是培养理论与实际结合、学用一致、全面发展的新人的根本途径，是逐步消灭脑力劳动与体力劳动差别的重要措施。"[1]邓小平在这里所强调的教育，正是和生产劳动相结合的教育，将教育与生产劳动相结合与经济的发展紧密结合起来，发挥教育的经济作用。

现代意义上的教育与生产劳动相结合主要是指"科学技术是第一生产力"。邓小平讲道："从长远看，要注意教育和科学技术，否则，我们已经耽误了二十年，影响了发展，还要再耽误二十年，后果不堪设想。"[2]这里邓小平所强调的就是要将教育和科学技术相结合。科学技术作为一种生产力，将教育与生产劳动紧密结合起来，科学技术的发展与进步需要广大青年参与其中并发挥举足轻重的作用。

改革开放以后，教育事业迎来了新的阶段。首先是扭转之前对劳动和劳动教育的一些认知偏差。1978年，邓小平在《在全国教育工作会议上的讲话》中指出：为适应经济和技术的迅速发展，教育的质量和效率也应迅速提高，这对教育与生产劳动相结合的方法和内容提出了新要求。为此，"各级各类学校对学生参加什么样的劳动，……怎样同教学密切结合，都要有恰当的安排。更重要的是整个教育事业必须同国民经济发展的要求相

---

[1] 邓小平. 邓小平同志论教育[M]. 北京：人民教育出版社，1990：64.
[2] 邓小平. 邓小平文选（第3卷）[M]. 北京：人民出版社，1993：274-275.

适应。"①而且，在教育与生产劳动相结合的具体内容上，既要考虑到当前需要，"不但要看到近期的需要，……而且必须充分估计到现代科学技术的发展趋势"。②

1981年，《关于建国以来党的若干历史问题的决议》指出，要根除长期存在的轻视知识分子和教育科学文化的错误观念，坚持脑力劳动和体力劳动相结合、知识分子和工人农民相结合、德智体全面发展、又红又专的教育方针。1982年，《教育部关于普通中学开设劳动技术教育课的试行意见》明确了初中、高中的劳育学时。1984年，中央发布《关于高等学校学生参加生产劳动的若干规定》，重新规范教劳结合的方式。1985年，《中共中央关于教育体制改革的决定》提出，教育应该为社会主义建设事业服务，对之前为无产阶级政治服务的教育导向进行了修正。

关于"三育"和"五育"的争论反映出中央对劳动的重视。1986年，时任国务院副总理李鹏在《关于中华人民共和国义务教育法（草案）》的说明中指出，应当贯彻德、智、体、美全面发展的教育方针，并适当进行劳动教育，使青少年儿童受到比较全面的基础教育。③

同年，原国家教委副主任彭珮云提出"五育全面发展"的理念。不过，经过一段时间的讨论，教育方针中保持了"三育"的表述，一个重要的原因是，劳动教育被认为包含在德育中，是德育的一部分。此后，1993年发布的《中国教育改革和发展纲要》和1995年颁布的《中华人民共和国教育法》中延续了德、智、体"三育"的表述。

第四节 2000年后：教育与生产劳动相结合思想的完善

在1999年6月召开的第三次全国教育工作会议上，江泽民提出："我

---

① 邓小平. 邓小平文选（第二卷）（第二版）[M]. 北京：人民出版社, 1994: 107.
② 邓小平. 邓小平文选（第二卷）（第二版）[M]. 北京：人民出版社, 1994: 108.
③ 姚冬琳, 何颖诗, 谢翌. 1949年以来小学劳动课程变迁研究——基于政策文本的分析[J]. 中国德育, 2021(4): 15-22.

们必须全面贯彻党的教育方针,坚持教育为社会主义、为人民服务,坚持教育与社会实践相结合,以提高国民素质为根本宗旨,以培养学生的创新精神和实践能力为重点,努力造就'有理想、有道德、有文化、有纪律'的,德育、智育、体育、美育等全面发展的社会主义事业建设者和接班人。"[1]2000年2月,江泽民在关于教育问题的谈话中指出:"人才的成长最终要在社会的伟大实践和自身的不断努力中来实现。这个观点,要好好地在全社会进行宣传。"[2]

从1998年开始,劳动技术教育的重要性得以提升。1998年,教育部《关于加强普通中学劳动技术教育管理的若干意见》明确了在普通中学开展劳动技术教育的过程中,对师资队伍和组织领导方面的要求。1999年,第三次全国教育大会提出,要培养"有理想、有道德、有文化、有纪律的德育、智育、体育、美育等全面发展的社会主义事业建设者和接班人"。2001年《国务院关于基础教育改革与发展的决定》指出,教育必须与生产劳动和社会实践相结合,培养德智体美等全面发展的人。2002年党的十六大报告明确提出,要尊重劳动、尊重知识、尊重人才、尊重创造。[3]

这"四个尊重"成为21世纪教育界和社会各界共同倡导的劳动价值观。2010年,胡锦涛在全国劳动模范和先进工作者表彰大会上重申了"劳动最光荣,劳动者最伟大"的思想。

在这一时期,教育与生产劳动相结合确保教育的目的没有与社会生产需求相脱节,拓宽了培养人才的途径,有利于培养出更符合社会生产需要的人才,促进社会生产的改进和发展。

江泽民在实现社会主义现代化、全面建设小康社会的新时期,对"教育与生产劳动相结合"的思想又有了新的认识。他站在时代的高度,继承并进一步发展了教育与生产劳动相结合的思想,将新时期教育与生产劳动

---

[1] 中华人民共和国教育部,中共中央文献研究室编.毛泽东、邓小平、江泽民论教育[M].北京:中央文献出版社,人民教育出版社,北京师范大学出版社,2002:276.

[2] 中华人民共和国教育部,中共中央文献研究室编.毛泽东、邓小平、江泽民论教育[M].北京:中央文献出版社,人民教育出版社,北京师范大学出版社,2002:289.

[3] 江泽民.江泽民文选(第3卷)[M].北京:人民出版社,2006:560.

相结合明确为教育与实践结合，强调理论联系实际，学以致用，培养全面发展的人才。

在1999年6月召开的全国教育工作会议上，江泽民特别强调了教育与社会实践相结合的问题。他说"事实已经充分说明，'象牙塔'式的教育不能适应当今时代的需要，教育同经济、科技、社会实践越来越紧密结合，正在成为推动科技进步和经济、社会发展的重要力量。"① "如果只是让学生关起门来读书，不参加劳动，不接触社会实践，不了解工人、农民是怎样辛勤创造社会财富的，不培养劳动人民感情，是不利于他们健康成长和全面发展的"。②因此，江泽民说"学生适当参加一些物质生产劳动，应成为一门必修课，不是可有可无的。"③ "教育与生产劳动和社会实践相结合"，较之于"教育与生产劳动相结合"，一方面，拓宽了对培养人才途径的认识，生产劳动是人类最基本的但不是唯一的实践活动，我们培养人不能仅仅局限于教育同生产劳动结合，更要坚持教育同整个社会实践结合；另一方面，拓宽了对教育功能的认识。江泽民说"教育应与经济社会发展紧密结合，为现代化建设提供各类人才支持和知识贡献。这是面向21世纪教育改革和发展的方向。"

江泽民"坚持教育为社会主义服务，与实践相结合"的思想对培养新时期理论与实践相统一的全面发展的人才有着重要意义。坚持学习江泽民的这一思想，就能使学到的书本知识与投身社会实践相统一，进而实现自身价值与服务祖国人民的统一，从而避免了"书呆子"气，为应试教育向素质教育的根本转变提供了有力的指导。

第五节 新时代：教育与生产劳动相结合思想的发展

2012年以来，中国特色社会主义进入新时代，中国教育事业也进入了

---

① 江泽民.江泽民文选（第二卷）[M].北京：人民教育出版社，2006：335.
② 江泽民.江泽民文选（第一卷）[M].北京：人民教育出版社，2006：372.
③ 江泽民.江泽民文选（第一卷）[M].北京：人民教育出版社，2006：372.

新的发展阶段。习近平总书记在多个场合发表关于尊重劳动、崇尚劳动的讲话，引导青少年树立劳动最光荣、劳动最崇高、劳动最伟大、劳动最美丽的观念，劳动价值观成为重要的教育内容。

2015年，教育部、共青团中央、全国少工委发布《关于加强中小学劳动教育的意见》，要求在青少年中加强劳动教育。2018年全国教育大会上，习近平总书记强调培养德智体美劳全面发展的社会主义建设者和接班人。2020年3月，中共中央、国务院发布《关于全面加强新时代大中小学劳动教育的意见》指出，新时代劳动教育要"体现时代特征，适应科技发展和产业变革"。2020年7月教育部发布《大中小学劳动教育指导纲要（试行）》，明确提出各级各类学校要在育人过程中开设劳动教育课程，开展劳动教育活动，将劳动教育融入人才培养的全过程。2021年4月修订的《中华人民共和国教育法》指出，"教育必须为社会主义现代化建设服务、为人民服务，必须与生产劳动和社会实践相结合，培养德智体美劳全面发展的社会主义建设者和接班人。"至此，劳动教育与其他四育并列，正式成为育人体系的组成部分，上升为整个国家的教育战略，并以法律形式得到确立，中国特色的劳动教育制度迈上新台阶。

综合而言，2012年以来劳动教育成为"五育"之一，是教育内容和人才培养的一部分。培养德智体美劳全面发展的人是教育目标，教劳结合是实现人才培养目标或教育目的的方式。

从新中国成立以来乃至更早的历史看，教劳结合是长久以来的教育方式，新时代加强劳动教育是深化这一教育方式的重要举措。加强劳动教育是方式，深化教劳结合是目标，方式与目标的关系有新的内涵。在马克思主义教育思想中，教劳结合主要指劳动技术教育。在新时代中国特色社会主义教育体系中，劳动教育不仅包括生产劳动教育，也包括生活劳动教育和服务劳动教育，更包括劳动技能和劳动知识的教育，尤其包括劳动价值观的教育。新时代劳动教育是马克思主义教育思想的再一次飞跃，既是重要的教育内容，也是重要的育人方式，是教劳结合的深化和升华。

新时代劳动教育融入人才培养的全过程，教劳结合体现在人才培养的各个环节，劳动教育与教劳结合具有内在统一性，两者相互依托，互为支撑。

中篇　理论篇

第五章　工匠精神的内涵、特征及发展

第一节　工匠与工匠精神

一、中国工匠

工匠，通常称之为手工艺人，工匠精神就是工匠身上体现出来的一种精神品质。自古以来，无数能工巧匠在工作中追求完美、精益求精，他们的发明创造巧夺天工、独具匠心。那么，何谓工匠？

（一）狭义的工匠指巧心劳手以成器物者

中央电视台推出的系列纪录片《大国工匠》与《我在故宫修文物》等，通过纪实故事向我们展示了新时期大国工匠的技艺水平及在他们身上体现出来的担当精神。工匠自古有之，在典籍《周礼·考工记》中，对当时的社会成员进行了划分，包括有"王公、大夫、百工、农夫、妇功、商旅"六大类。其中，"百工""妇功"便是对"工匠"的称呼。所谓"百工"，即是"审曲面势，以饬五材，以辨民器"。[1]"审""面"就是"审视、面对"之意，"曲""势"指"事物的形状与性能"，"五材"在当时指"石、土、木、金、革"五种材质。可见，古代"百工"就是要能了解各种事物的材料性能，并根据需要进行挑选，打造出能为人们所用的各种器具。而"妇功"，又称"女工""妇工"，即是"治丝麻以成之"，[2]指那些整理丝麻制成衣物的人，因为主要由妇女完成，故称"妇功"。因此，"妇功"也属工匠群体。综上可知，古代时期的工匠只是行业工种的

---

[1] 《十三经注疏》整理委员会整理. 十三经注疏·周礼注疏[M]. 北京：北京大学出版社，1999：1057.
[2] 《十三经注疏》整理委员会整理. 十三经注疏·周礼注疏[M]. 北京：北京大学出版社，1999：1057.

不同，而没有性别的差异，工匠也即是"手工业劳动者"。

在《考工典》引王昭禹语曰："兴事造业之谓工。"[①]将那些从事手工制造业的人统称为"工"。"工""匠""匠人"在古代含义相近，都是指利用自身高超技艺制作器物以供人们使用的制造业者。因此，工匠最早还指"手工业品的制造者"。[②]《考工记》中对"工"进行了解释："知者创物，巧者述之守之，世谓之工。"[③]就是说，有智慧的人创造了器物，心灵手巧的人将它传承发展，并传于后世，社会上把这些人就称之为"工"。由此可见，工匠不仅仅要制造器物，还要守护技艺，传承文化，担负着精神传承的使命，是神圣不可或缺的，所以"百工之事，皆圣人之作也"[④]，这里将"百工之事"称为"圣人之作"，充分体现出古人对工匠所做之事的认同与赞美。

现在大多数人在理解工匠的概念时，第一印象还是那些拥有某项专业技能的手工劳动者。一些研究学者也大多以这一概念对工匠精神的培育进行研究。以此狭义的工匠定义作为概念前提，以关注职中、职高学生工匠精神培养为主的研究有《略论当代工匠精神与高职学生社会责任感的培育》[⑤]，《论高职院校思想政治教育的新使命——对理性缺失下培育"工匠精神"的反思》[⑥]，《职业院校培育学生工匠精神的机制与路径——"烙印理论"的视角》[⑦]等，这些研究之所以对职中、职高学生的工匠精神十分关注，就在于他们将工匠理解为从事某一具体的生产制造行业的从业者，这与高职院校的培养目标，即培育具有专门技术能力的人才相吻合。

---

① 余同元.传统工匠及其现代转型界说[J].史林，2005（04）：57-66，124.
② 曹焕旭.中国古代的工匠[M].北京：商务印书馆，1996：8.
③ 《十三经注疏》整理委员会整理.十三经注疏[M].北京：北京大学出版社，1999：1059.
④ 《十三经注疏》整理委员会整理.十三经注疏[M].北京：北京大学出版社，1999：1059.
⑤ 芮明珠.略论当代工匠精神与高职学生社会责任感的培育[J].学校党建与思想教育，2016（22）：54-56.
⑥ 胡冰，李小鲁.论高职院校思想政治教育的新使命——对理性缺失下培育"工匠精神"的反思[J].高教探索，2016（05）：85-89.
⑦ 林克松.职业院校培育学生工匠精神的机制与路径——"烙印理论"的视角[J].河北师范大学学报（教育科学版），2018（03）：70-75.

综上，狭义的工匠（包括传统工匠与技巧工匠）主要涵盖：手工业劳动者、手工业品的制造者和具有专业技艺特长的手工业劳动者。总而言之，传统意义上的工匠是指"巧心劳手以成器物者"，他们不仅具有技术特长，而且拥有一定的艺术创造力，即"技"与"艺"的集大成者。工匠是传统手工业的主角，一肩扛起制造与创造的大旗。

（二）广义的工匠指善其事而乐其成者

随着社会的发展，产业结构的调整，工匠已经不局限于专指那些具有专业技能的手工艺人，而是具有更加广泛的外延。

工匠已经不再拘泥于某种职业，成为制造业乃至全行业的标杆，不再仅仅是觅衣求食的手段，而是一种信仰，一种追求尽善尽美的精神动力。《哲匠录》中所录之"匠"，即"不论其人为圣为凡，为创为述，上而王侯将相，降而梓匠轮舆，凡于工艺上曾著一事，传一艺，显一技，立一言者，以其于人类文化有所贡献"[①]，此处所说的工匠，不局限于底层的手工业劳动者，范围不论圣贤与平民，上至王侯将相，下至普通手艺人，凡是在某件事上做出过贡献，均可被录入。中国营造学社的学者们使用了"哲匠"一词，"哲"译为道德、智慧，"哲匠"即为有道德、有智慧之人。总之，广义上的工匠不再单纯地指手工业劳动者，而是更多侧重于对自己所从事的职业、工作具有较高的认同度，且真正付出时间与努力，并在专业领域获得较高肯定的人，不仅如此，这些人还往往具有较高的精神境界。

清代文字训诂学家段玉裁在其《说文解字注·工部》中有言："凡善其事曰工"，对"工"这一概念进行进一步解释，即只要个人将自己的手头之事、分内之事，亦即个人的职业做好，得到"善"的肯定，那么，他就可以被称为工匠。工匠并不是一种固定的身份，而仅仅是作为一种角色的概念，对"工匠"概念的广义认识并不是我国特有，美国著名学者理查德·桑内特（Richard Sennett）在其著作《匠人》（*The Craftsman*）中提出，只要拥有这样一种愿望，即为了把事情做好而去把事情做好，那么

[①] 朱启钤. 哲匠录[M]. 北京：中国建筑工业出版社，2005：5.

每个人都可称为匠人。①该定义增加了工匠的外延，将其推广为一切"拥有把事情做好的愿望"之人。如果只将美好的事物停留于愿望阶段而不付诸实践，亦不能称之为合格的匠人。作家亚力克·福奇（Alec Foege）在《工匠精神：缔造伟大传奇的重要力量》（*The Tinkerers*：*The Amateurs*，*DIYers*，*and Inventors Who Make America Great*）一书中认为，工匠就是有好点子并且有时间去努力实现的人。②相较于前一条，该定义指出了工匠的实践层面的意义。工匠们不应只停留于对事物的幻想阶段，好点子必须要付诸实践，只有那些付出过汗水与时间的人才有资格被称为工匠。美国当代著名发明家迪恩·卡门认为，"工匠的本质——收集改装可利用的技术来解决问题或创造解决问题的方法从而创造财富"③，很多政治人物也是博学、充满好奇之人，也可归入广义的工匠之列。亚力克·福奇还指出，工匠概念下存在表层工匠（即只关注于他们现有的工作方法生产产品，重复工作过程）与深层工匠（即不局限于当下，而更专注于通过自身的思想创新来改变人们对于事物的思考方式），他认为工匠的本质在于通过创新可以让事情变得更好。④根岸康雄在其《工匠精神》一书中指出普通的工匠缺乏自己的钻研与琢磨，只会按照别人的套路进行重复性的工作⑤，进而强调实践与创新是工匠应具备的最重要素质。

综上所述，定义"工匠"一词，不能仅凭其技艺和成就，更要综合考量其精神品质。广义上的工匠是指一切有道德并善于观察生活、勇于改造创新，对所做之事（包括学习、工作等各方面）耐心专注、孜孜以求之人。他们不仅善于做，而且乐于做，并在其中能够获得美的享受。即"凡善其事而乐其成者"，此处的"成"不是成器物，而是人格的成，接近于

---

① 理查德·桑内特. 匠人[M]. 李继宏, 译. 上海：上海译文出版社, 2015：177.
② 亚力克·福奇. 工匠精神：缔造伟大传奇的重要力量[M]. 陈劲, 译. 杭州：浙江人民出版社, 2014：9.
③ 亚力克·福奇. 工匠精神：缔造伟大传奇的重要力量[M]. 陈劲, 译. 杭州：浙江人民出版社, 2014：58.
④ 亚力克·福奇. 工匠精神：缔造伟大传奇的重要力量[M]. 陈劲, 译. 杭州：浙江人民出版社, 2014：113.
⑤ 根岸康雄. 工匠精神[M]. 李斌瑛, 译. 北京：东方出版社, 2015：24.

道的成。正是因为他们始终秉承追求精益求精的观念，才催生出我们今天所大力倡导的工匠精神。

二、工匠精神的内涵

在西方，工匠精神萌芽于古希腊-罗马时期，在当时表现为一种"德艺兼修"的职业信仰。[①]柏拉图指出，"医术产生健康，而挣钱之术产生了报酬，其他各行各业莫不如此——每一种技艺尽其本职，使受照管的对象得到利益"。[②]他认为工匠的工作目的是追求作品本身的完美与极致，他们掌握的技艺，使得他们能超越世俗，追求高尚的道德目标。工匠的职责是造物，技艺是造物的前提，技艺是工匠存在的第一要素。[③]亚里士多德指出，"对于一个吹笛手、一个木匠或任何一个匠师，总而言之，对任何一个某种活动或实践的人来说，他们的善或出色就在于那种活动的完善"[④]，他认为工匠精神是一种纯粹的"非利唯艺"精神，这是一种纯粹精神，超越了世俗的经济报酬，以追求技艺精湛，追求"止于至善"的价值目标。他还认为这种纯粹精神是"精益求精"的源泉和动力，他说："制作活动本身不是目的，而是属于其他某个事物。而完成的器物则自身是一个目的，因为做得好的东西是一个目的，是欲求的对象"。[⑤]

中世纪的宗教改革改变了人们的劳动观念，人们认为参加劳动才是对上帝的忠诚，这一观念成为"工匠精神"发展的思想条件。"基督教从一开始就是手工业者的宗教，这是它的突出特征"。[⑥]马克思·韦伯指出每一个工匠的岗位都是上帝安排的，他们都被上帝赋予了伟大的精神力量，认真负责地做好自己的工作是灵魂净化的过程，更是在完成上帝赐予的世俗任务。所以，工匠们把提高自身技艺水平和对上帝的忠诚结合起来。在开

[①] 庄西真. 多维视角下的工匠精神：内涵剖析与解读[J]. 中国高教研究，2017(5)：92-97.
[②] 柏拉图. 理想国[M]. 郭斌和，张竹明，译. 北京：商务印书馆，1986：26.
[③] 李进. 工匠精神的当代价值及培育路径研究[J]. 中国职业技术教育，2016(27)：27-30.
[④] 亚里士多德. 尼各马可伦理学[M]. 廖申白，译. 北京：商务印书馆，2003：19.
[⑤] 亚里士多德. 尼各马可伦理学[M]. 廖申白，译. 北京：商务印书馆，2003：12.
[⑥] 马克思·韦伯. 经济与社会（第一卷）[M]. 阎克文，译. 上海：上海人民出版社，2010：612.

展技术活动时，工匠们会变得更为认真细致，在这个过程中，工匠们逐渐形成了对技艺专注、对产品负责以及对自身职业忠诚的伦理精神。在宗教改革的推进下，从12世纪上半叶起，随着手工业行会制度开始建立，各城市逐渐建立了同行业的行会，工匠的工作拥有了制度化保障，工业行业标准、工艺流程的确立进一步促进了工匠精神的发展，工匠群体逐渐养成了以质取胜、至善尽美的制造精神。手工业行会的成立直接促进了行业内的技术分工，在行会中，严格实行拜师修行制度，在这种体制下，与技术相关的经验性知识在工匠之间代代相传，形成了一种传统。

古代师徒制度的确立，为工匠技艺及其精神的代际相承带来保障。无论是中国艺徒制度，还是西方行会的学徒制，采取的都是一种"心传身授"的默会教学方式，学徒都是在实践中不断磨炼技艺，体验并形成精雕细琢、严谨专注、精益求精的职业精神。公元前18世纪的《汉谟拉比法典》，将以往私人的、按风俗惯例的师徒关系确定为成文的法律规定。"手艺人可以自由地招收养子，教他技艺，其他人不可以干涉"，但是，"如养父不传授手艺给养子，养父没有权利再留下这个孩子，应将其送其父母。"①此法典是关于师徒制度的最早文献记载。可以看出，师徒制是带有社会性质的，师徒双方缔结了一种公共教育规定和权利义务关系。通常，师傅以养父身份出现，师傅有责任培养徒弟的技艺，将手艺和绝活、秘方等倾囊传授，让祖传的技艺世代绵延发扬光大。而徒弟方的义务则是继承和延续师傅的祖传事业，为师傅养老送终、偿还师傅欠下的债务。按照习俗，手艺人通常会将得意的徒弟招为上门女婿，培养他传承衣钵、光耀门楣。师傅除了将毕生所学传给徒弟，也会将做人的道理、职业操守倾囊相授，其中所承载的情感外人难以体会。"父生之，师教之"，师傅的角色既是导师又是父亲，"一日为师，终身是父"。徒弟对师傅的态度影响着他所学的技艺，尊重师傅才有可能精于技艺，作为导师和父亲，师傅在传授精湛技艺的同时会给予徒弟父亲般的爱。生产的过程同时也是师徒情感沟通的过程，师傅会指导其职业发展，磨炼其意志，创新创造，产出

---

① 宋晶.传统学徒制的伦理精神探寻[J].职教论坛, 2013: 49.

更大的效益。迄今为止，师徒制仍然被认为是一种以"爱"为基础，承载着情感交流的教育模式，工匠精神在尊师重教的师徒制度中得到传承发展。

现代学徒制兴起，在继承传统学徒制度优点的同时，展开学校制度下的校企协同育人模式，将工匠精神理念融入技术技能型人才培养的全过程。静默了很久的学徒制度被人们重新提起，那些古老而光辉的元素如"创新""合作""责任"，在21世纪之后再度成为职业人的精神向度。越来越多的国家对学徒制度重新定位，在继承传统的基础上增加现代诉求，关注人如何适应变化，对这个瞬息万变世界的适应力以及认识自我、对自身创造潜能开发的能力，不断学习新事物、新知识的能力，对多样和复杂的变化进行选择的能力以及创造的能力。至20世纪末期，卢森堡、法国、丹麦、希腊、葡萄牙、爱尔兰、荷兰、西班牙等国纷纷开始对现代学徒制度立法，英国于1993年启动现代学徒项目，1996年澳大利亚也启动学徒制项目……而德国的双元制使人们对学徒制的期待和热情再度达到一个顶峰。

近年学者对工匠精神的研究不断深入，巨晓林认为工匠精神"要不惜一切代价做品质最高的产品，不断追求完美，不放过任何一个细节。"[1]邓成在总结工匠精神定义时指出，工匠精神一般是指工匠对产品精雕细琢、追求完美的精神，工匠们对产品的追求胜过对金钱的追求，而支撑这一切的是以"产品为导向"的价值观。[2]许多学者在定义工匠精神时，更倾向于从狭义的工匠概念角度理解工匠精神，认为工匠精神是工匠们在自己的工作中坚持质量第一、追求产品的精工细造。该层面的理解符合我国工业发展转型升级的需要，但是对工匠精神内涵的把握绝不能仅限于对产品品质的追求。在新时代中国特色社会主义经济建设的伟大实践中，弘扬和培育工匠精神，充分挖掘其当代价值，不仅有利于培养专业技术人才，而且在提高他们的职业素养方面具有重要作用。此外，工匠型人才的养成还可以为我国经济发展不断注入活力。

---

[1] 中国新闻网.代表委员谈工匠精神：中国制造呼唤响当当品牌[EB/OL].(2016-03-08)[2024-06-06].http://m.Chinanews.com/wap/detail/chs/zw/7787981.sthml.

[2] 邓成.当代职业教育如何塑造"工匠精神"[J].当代职业教育，2014(10)：91.

江宏从狭义和广义两个角度对中国特色社会主义工匠精神进行定义，认为广义上的工匠精神是从事生产性劳动的工作者所表现出来的工作精神、工作状态和工作境界；狭义上的工匠精神是指直接从事手工操作和机械制造的工人所具有的一种职业精神和职业伦理。[1]该定义虽说是从广义与狭义两个角度定义工匠精神，但其并未脱离职业的范畴。首先，"从事生产性劳动的工作者"与"从事手工操作和机械制造的工人"实为同一群体，不存在狭义广义之分；其次，"工作精神"与"职业精神"内涵相通，属同一概念。因此，此定义可归结为同一种敬业精神。李梦卿、杨秋月同样认为工匠精神是一种认真精神与爱岗敬业精神，即从业者对职业敬畏、对产品负责、让企业满意。[2]该定义是对狭义工匠精神的概念延伸，使工匠精神从狭义的产品品质追求中提升到爱岗敬业的层面。总之，工匠精神作为一种对职业高度认同、专注专一的精神，充分体现出社会主义核心价值观中"敬业"的内容。以上学者从职业精神的角度对工匠精神进行解读，抓住了工匠精神的实质内涵，即工匠精神就是一种敬业精神。

刘建军教授认为工匠精神是一种高度认同、敬业乐业的精神；是一种专注专一、全情投入的精神；是一种精益求精、追求卓越的精神。[3]所谓"高度认同"，就是将自己的职业看作是安身立命之本，并且能从所从事的工作中获得自豪感；"敬业"，顾名思义就是尊敬自己的职业，即对工作怀有敬畏之心；"乐业"，即能从工作中找到乐趣，收获快乐。"精益求精、追求卓越"不仅体现出工匠对自己职业的责任感，也展现出工匠们的一种自我修养，即对产品的高质量追求。只有对所从事的工作有高度认同感，坚守初心专注于本职工作并不断传承创新，才能将作品和自身技能提升到至高境界。

李宏伟、别应龙将工匠精神概括为五种精神特质，即"尊师重教的师道精神，一丝不苟的制造精神，求富立德的创业精神，精益求精的创造精

---

[1] 江宏.经济新常态下中国工匠精神的培育[J].思想理论教育，2017(08)：19-24.

[2] 李梦卿，杨秋月.技能型人才培养与"工匠精神"培育的关联耦合研究[J].职教论坛，2016(16)：21-26.

[3] 刘建军.工匠精神及其当代价值[J].思想教育研究，2016(10)：38-39.

神，知行合一的实践精神"。[①]这种观点相较于前一种观点增加了"尊师重教""求富立德"两项内容。对于"尊师重教"来讲，之所以有这样的内涵，正是因为古代手工业的存在和发展主要依靠口传身授、师徒相承的方式来传承技艺，这就在无形中产生了一种尊敬师傅的师道精神。对于"求富立德"来讲，大部分工匠工作的基本目的首先是养家糊口，因而只有不断提高自己的技艺，制作出更多更高水平的产品，才能增加自己的收入，进而过上较为富裕的生活，这也是工匠精神内涵中不容忽视的因素；除此以外，当工匠们能够满足自己最基本的物质生活需求以后，工匠精神则更多地体现为对技艺、质量本身的追求，这种不断突破原有技艺、不断进行创新的劳动本身，便构成工匠们日常生活的全部内容。

王靖高、金璐认为，工匠精神涵盖职业操守、思想态度、素养品德、文化氛围等多个层面的内涵，具体表述为："精于工、匠于心、品于行、化于文"。[②]上述定义从精神特质角度表述了工匠精神的文化内涵，未囿于职业精神的局限。肖群忠、刘永春提出，工匠精神在中国文化视域下体现为"尚巧"的创新精神、"求精"的工作态度、"道技合一"的人生理想。[③]在这里，"巧"不仅是指工匠们学习到的制作手工工艺的技巧，更是指他们打破陈规、进行创造性转化的思维品质。所谓"道技合一"就是工匠对作品和技艺不断追求精益求精，最终领悟出"道"的真谛，从而不断超越自我，实现人生的意义。由此可见，工匠精神也是一种对生命本质的认识，个人可以借此指导生活实践。

综上所述，工匠精神是个体在自己所处的环境中、面对自己的工作时，全神贯注、全身心投入，凭借自己的善意执念审视、打磨并不断反思自身，勇于突破，探求造物与自身的"真善美"，并最终实现道技合一的人生境界。

[①] 李宏伟,别应龙.工匠精神的历史传承与当代培育[J].自然辩证法研究,2015(8):54-59.
[②] 王靖高,金璐.关于高职院校培育工匠精神的几点思考[J].职业技术教育,2016(36):62.
[③] 肖群忠,刘永春.工匠精神及其当代价值[J].湖南社会科学,2015(6):6-7.

第二节 工匠精神的特征

一、工匠精神的传统特征

（一）敬业

"敬"源于古代的祭祀活动，对神或先祖的敬重。后来，"敬"逐渐成为中国伦理思想史上的一个重要道德内涵，是人们修身处世的基本态度与原则，如《左传·文公十八年》中所说，"孝敬、忠信为吉德；盗贼藏奸为凶德。"[①]

孔子用"敬事"来指称"敬业"，提出了"执事敬""事思敬"等观点，强调做事时要有恭敬诚意、严肃认真的态度，这是把事情做好的基本守则。而之所以要用"敬事"而非"敬业"，则是由于自然经济条件下，社会尚没有明确的职业分工。儒家思想的集大成者荀子阐述了"敬"与事业成败的关系，指出"凡百事之成也，必在敬之；其败也，必在慢之。故敬胜怠则吉，怠胜敬则灭。"[②] "敬业"作为一个词语出现，最早出现在西汉戴圣辑录的《礼记》一书中。

《礼记·学记》中记载："古之教者，家有塾，党有庠，术有序，国有学。……一年视离经辨志，三年视敬业乐群，五年视博习亲师，七年视论学取友，谓之小成。"[③] 这里的"敬业"实际上指的是古代学校要求学生要严肃认真地对待学业，这与我们今天所讲的"敬业"在内涵上有明显的不同。

南北两宋时期，理学的集大成者朱熹对"敬"及"敬业"的内涵进行了充实和发展，朱熹将"敬"的思想看作是不仅在内心保持集中专一，同时还要时刻保持心存敬畏。他指出："敬是始终一事。""敬不是万事

---

① 李梦生.左传译注[M].上海：上海古籍出版社，1998：418.
② 梁启雄.荀子简释[M].北京：中华书局，1983：198.
③ 陈戍国.礼记校注[M].长沙：岳麓书社，2004：265.

休置之谓，只是随事专一，谨畏，不放逸耳。"①朱熹也将"敬业"一词重新纳入人们的日常生活之中，他指出："敬业者，专心致志，以事其业也。"②这一概念的提出与界定，使现代意义上的"敬业"概念确定下来，对后世职业伦理思想产生了深远影响。例如，近代思想家梁启超就借鉴朱子观点，把"敬业"看作工作中全神贯注的专注状态，"凡做一件事，便忠于一件事，将全副精力集中到这事上头，一点不旁骛。"③可以看出，中国古代传统伦理思想中的"敬"的道德内涵中，就包含了工匠精神中的"敬业"精神。可以说，要成为一个真正的具有工匠精神的人，首先就要从思想上认识到所从事的工作是神圣的，是值得为之付出一切的。没有这样一种神圣感的人，在任何职业上都不可能成为一个称职的劳动者。

（二）匠术

中国古代伦理思想史上，对道德与技术的关系的探讨，早已有之。在先秦时期，对于技术的应用方面，已经有了明确的有关伦理道德规范的文字史料记载。中国古代在一般意义上对道德与技术的探讨，可以概括为"以道驭术"这一观念，在这里，"道"，是指伦理道德；"术"，是指技术、技艺。因此"以道驭术"，就是指技术的应用要受伦理道德规范的制约。在中国古代，几乎所有的思想流派都有"以道驭术"的观点，其中最有代表性的是儒、道、墨三家。

儒家所讲的"以道驭术"的观念强调技术在宏观层面所产生的社会效果，在技术的发展和运用中，则格外重视"六府""三事"。《左传》记载，"六府三事，谓之九功。水、火、金、木、土、谷，谓之六府。正德、利用、厚生，谓之三事。义而行之，谓之德礼"。④所谓"六府"，指的是"水、火、金、木、土、谷"，即水利、耕作等国计民生。所谓"三事"，指的是"正德、利用、厚生"，即要端正人民品德、充分发挥自然资源的用处、使人民生活富裕。也就是说技术要以"德"为纲，技术和技

---

① 朱杰人，严佐之，刘永翔. 朱子全书[M]. 上海：上海古籍出版社，2002：372.
② 朱杰人，严佐之，刘永翔. 朱子全书[M]. 上海：上海古籍出版社，2002：372.
③ 梁启超. 梁启超全集[M]. 北京：北京出版社，1999：289.
④ 李梦生. 左传译注[M]. 上海：上海古籍出版社，1998：368.

术的应用既要对国计民生有利，又要有道德教化功能。在儒家看来，"六府三事"才是经世致用的正统技术，在这些技术之外的东西，则是儒家大力抨击的"奇技淫巧"，即那些容易使帝王玩物丧志或者使百姓耽于享乐的技艺。由此可见，儒家的"以道驭术"观念就是要用道德规范对技术进行约束，在运用技术正面作用的同时，也限制它的不利影响。

与儒家的"以道驭术"的观念相比，道家对于技术与"道""德"之关系的理解更具有普遍性。儒家的"以道驭术"只是强调技术活动的道德效应和社会后果，而道家的"以道驭术"的观念还涉及如何在技术活动中协调操作者与工具的关系、人的身与心的关系以及更广大的人与自然的关系。

"道"意味着是符合事物的自然本性的，在技术的运用层面来说则可理解为最优的途径或方法。因此，寻求技术之上的"道"，就会使技术活动各要素之间达到协调，这种协调不仅指匠人与技术以及操作对象的协调，还包括人的身心活动的协调、技术运用中人际关系的协调，技术活动与社会乃至与自然的协调。然而，当人们使用不恰当的技术或者不当地运用技术时，就会破坏技术活动各要素之间的协调，这意味着技术的应用脱离了"道"，本应造福于人的器物和技术反而给人们带来麻烦，这便是"失德"。道家对技术的不恰当地运用所带来的消极影响的批判层面，不仅涉及人际关系与宏观社会生活，也涉及人的身心关系、强调人与技术之间、人与器物之间的关系，这是道家的"以道驭术"的观念的特点所在。现代伦理学中探讨的技术发展所带来的伦理问题，如关于技术对人的异化、如何使技术更人性化的问题等，无一不涉及人的身心的关系、人与技术、人与工具和器物的关系，而这恰恰在道家的"以道驭术"思想中早有体现。

作为战国时期一位精通器物制造的工匠和思想家，墨子思想反映的是古代工匠的典型观念。墨家的"以道驭术"的观念更注重以道德规范来约束工匠群体或个体的技术活动，尤其看重工匠个人的道德修养。《庄子》曾对墨家这种倾向描述道："使后世之墨者，多以裘褐为衣，以跂蹻为服，日夜不休，以自苦为极。"①这些要求很显然是墨家对其门徒的道德和行为规范的要求。墨子还主张"非攻"，阐明了技术应当"兼利天下"的主张。在《墨子·公输》中，墨子批评公输般制造云梯助楚国伐宋，是技术的不义应用，不仅以自己雄辩的口才和凛然的大义使公输般和楚王理屈，而且技高一筹战术上阻止楚国的攻伐，最终导致楚王放弃战争。

墨子这种以身作则，为了制止战争，可以无私奉献自己绝技和生命的情怀，充分体现了墨家"以道驭术"思想观念。"兼利天下"不仅是墨家的政治社会主张，同时也是对匠人运用技艺的一种道德要求。

（三）求精

精益求精，钻研技艺以求精湛，是工匠精神的基本内涵。我国古代工匠基本终身只从事一类工种，长期的勤学苦练，加上对高尚的职业理想的不断追求，练就了高超的技艺。因此，正是对待工作的刻苦钻研、精益求精的态度，才练就了中国古代工匠们的精湛技艺。《诗经·卫风·淇澳》中有"如切如磋，如琢如磨"的字句，来形容匠人制作过程中的专注细致的态度，后来被儒家引申为君子的人格修养。《大学》有云："如切如磋者，道学也；如琢如磨者，自修也。"②意即，只有具有如切如磋、如琢如磨的精神，才能教育人成为君子。

这种精益求精，不仅体现在工匠们切磋琢磨的刻苦工作的态度上，同样还体现在管理工匠的制度规范上。由于工匠几乎是与中华文明一同产生的，从中国古代社会具有分工开始，就有了"工匠"这种职业，作为一种专门行业，古代工匠自然有自己独特的职业规范和道德准则。从先秦时期开始，工匠就被分为"官匠"和"民匠"两大类，官匠供职于官府，民匠则为民间自营匠人。

官匠的劳动产品，一般不上市流通，其目的是满足官僚机构的需要。民匠所从事的则为商业性质的生产劳动，其产品供交换使用。对于官匠而言，他们遵循具有强制性的制度，这些制度在道德规范、法规条例和技

---

① 庄子. 庄子[M]. 孙海通, 译注. 北京: 中华书局, 2007: 143.
② 大学·中庸[M]. 王国轩, 译注. 北京: 中华书局, 2007: 12.

规范三个方面规定了官匠的行动准则，将精益求精以制度化的形式固定下来。具体包括以下几个方面：一是遵照"度程"。所谓"度程"，就是所制作器物的技术标准，对于这些标准，工匠们应该严格执行。二是毋作淫巧，也就是不能制作奇技淫巧的器物，以保证君心不受诱惑。三是"物勒工名"，也就是工匠必须要在所制作的器物上刻上自己的名字，让工师检验、考核；四是"工师效工"，即有专门的工师检验、考核工匠所制作的器物。

这一系列的规范和章程实际上是工匠的职业伦理的制度化，这种制度化对于保留和传承工匠精神具有重要作用。先秦时期这种制度化的对工匠和技术产品质量的严格要求，造就了许多能工巧匠，他们长期从事一种工作，技术上精益求精，提高很快。历史上广为传颂的木匠和机械制作能手鲁班，铸剑高手干将、莫邪等，都在这一时期相继出现。

从工匠的职业道德角度看，对技艺精益求精体现了一种敬业态度和责任感。可以说，正是中国古代工匠精益求精的精神，使得古代中国的手工业产品以其精美的造型和细腻的工艺闻名于世，成为世界的"丝绸之国"和"陶器之都"。可以说，精益求精的工匠精神，不仅是我国古代匠人们安身立命的精神力量，而且为中国创造了世界称赞的技艺成就。综合来看，工匠精神是工匠们对产品极致、完美的追求，精益求精是把产品品质从99%提升到99.99%的精神。[1]

（四）传承

中国古代的工艺与技术的传授，主要还是采取面对面言传身教、口传心授的方式完成，师傅带徒弟是民间工匠培养的主要形式。虽然一般有相对固定的操作规范和诀窍，但良好的师徒关系是保障技艺顺利传承的关键。中国自古就有"师徒如父子"的优良传统，工匠的职业伦理与家庭伦理在此产生了交融，师徒之间的伦理关系在许多方面与家庭伦理很接近，这种关系对于技艺的学习和传承起着重要的保障作用。技艺仅在家庭内传

---

[1] 工业和信息化部工业文化发展中心. 工匠精神——中国制造品质革命之魂[M]. 北京：人民出版社，2016：73-74.

承是民间手工业传承的另一个重要形式，技艺父传子、子传孙，子子孙孙传承而成为祖传手艺。由于技艺世代相传，不断钻研打磨，最后往往使技艺进化到极为精湛的地步，成为家族性的百年老店。

基于自然经济的影响，手工技艺无论是在家庭内传承还是师徒间传承，都尽可能地缩小范围，并且越是高超独特的技能，越是倾向于单传。虽然这种传承由于技术上的保密，也容易失传或流于保守，即技艺传承面临着极大的失传或断代的不确定性风险，但尽管如此，它依然是中国古代培养工匠的重要方式，在数千年的技艺传承中为我国古代技术的传承和发展做出了巨大贡献。

二、工匠精神的当代特征

随着传统手工业逐渐退出历史舞台，很多人认为，当代中国强调工匠精神已经过时了，这实际上是对于工匠精神的时代意义的误读。事实上并非如此，在互联网时代、智能制造时代，工匠精神并没有过时，甚至比任何时候都更重要。

当前我们探讨工匠精神，不再是探讨手工业者的职业道德和精神追求，而是作为具有普适性的任何工作者的行为追求。因此，可以说，当代工匠精神在广义上属于职业精神的范畴，它是一种可体现任何职业的价值观与职业精神，这一精神包含了对职业的高度价值认同，是一种对职业真心诚挚的爱岗敬业精神，与时俱进的创新精神，协作共进的团队精神和出于责任而行动的实践精神。它是所有劳动者在从业过程中对职业和劳动所应有的态度和精神理念。

（一）价值认同

对职业的高度价值认同是当代工匠精神的基本内涵之一。职业是每一个人赖以生存和发展的前提和保障。当前，不少职业劳动者未认识到职业的平等性，认为职业分工的不同代表着社会地位的高低，从而没有对自己的职业产生认同感。

一个真正对职业有着高度价值认同的职业劳动者，必然会发自内心地认同、喜欢自己的职业。那么他就会对所从事的职业产生强烈的认同感和使命感，满腔激情对待工作，将对职业的价值认同转变为强烈的职业热情，愉快、幸福地劳动和创作，从工作中找到无限的趣味，这就为创造优质的产品和服务提供了有利条件，在自己的工作岗位上做出贡献的同时获得成就感。

可以说，对职业的高度价值认同，不仅体现为一种敬业的职业精神，更是一种积极向上的职业价值取向。它引导着劳动者孜孜不倦地勤奋工作，承担并完成相应的工作任务，以责任心认真对待每一次工作。

（二）爱岗敬业

虽然职业和分工各有不同，但是都需要爱岗敬业的职业精神。在当前浮躁而急功近利的社会氛围下，只有热爱自己的职业，并把时间与智慧以及满腔的热情专注于一件事情上，才能将自己的工作锤炼成精品。因此，爱岗敬业对各行各业的职业劳动者都是一门必修课，只有通过热爱，才能在浮躁的气氛中保持内心平静，才能不断地精进技艺，在打磨中不断提升自己的职业素质。

（三）与时俱进

尽管传统视野下，狭义的工匠精神蕴含了创新的要素，但这种创新更多的是通过长期的个人实践经验的积累，而实现的产品的缓慢渐进式改良。因此，传统的工匠很少能够产生原创性的与颠覆性的技术突破，在我国当前大力发展"大众创业，万众创新"的时代背景下，传统工匠精神中所蕴含的创新因素已经不再适应现代化生产发展的需要了。

杰出的物理学家贝尔纳指出："现代科学具有双重起源，它既起源于巫师、僧侣或者哲学家的有条理的思辨，也起源于工匠的实际操作和传统知识。"[1]可以看出，工匠及其背后的工匠精神，对于科学技术的改革创新，具有巨大的推动作用。正是在工匠们漫长求索的实践中，产生了各种伟大的创造发明，并从中诞生了不断创新的现代科学精神。

因此，当代工匠精神，应当在融入市场理念的基础上，强化与时俱进的创新精神，通过技术的创新推动我国供给侧结构性改革，使中国制造走

---

[1] 贝尔纳. 科学的社会功能[M]. 南宁：广西师范大学出版社，2003：18-19.

向中国创造，最终在越发激烈的国际竞争中改善我国在国际分工中所处的劣势地位。

（四）协作共进

如果说创新精神是传统与现代的工匠精神都具有的内涵，那么，协作共进的团队精神则主要体现于现代工匠精神之中。

首先，在现代制造业中，主要的生产方式已经不是手工作坊，而是大机器生产。从近代生产方式转变以来，传统工匠也大多完成角色转型，成为技术工人、工程师甚至是企业家。大机器生产是一种团队协作，在这种生产方式中，每一个人所承担的工作只是众多流程中的一小部分。因此，团队的协作共进，生产才能进行下去。所谓"协作"，就是一个团队不同成员的分工合作；所谓"共进"，就是所有团队成员都能共同进步。而协作共进的团队精神是现代广义工匠精神的要义之一。

其次，市场经济乃至全球化的大生产中，任何职业都离不开团队合作。即使在可以独立完成工作的状况下，团队合作也越来越成为现代职业劳动者的选择。团队合作通过调动和整合不同的人的才能和资源，可以更加高效高质地完成工作任务。无论是小到一台手机的设计、生产、组装，还是大到"一带一路"倡议这样跨国经济项目的完成，都离不开跨界团队的精诚合作。因此，新时代已经赋予当代工匠精神以团队协作共进的内涵，单打独斗已不再适应现代职业，团队合作精神也是现代工匠精神的重要组成部分。

第三节　工匠精神的发展

工匠的劳动创作，为人类社会的发展做出了巨大的贡献，而在工匠身上更有一种精神世代相传，这便是工匠精神。工匠精神是工匠们在生产劳动的过程中形成的、不断传承和演变的精神品质、工作态度与道德标准，是凝聚在匠人身上的职业道德伦理、职业道德操守和职业道德理想。工匠精神由此得以产生和发展。

一、原始时期：原始萌芽，敢于探索

原始社会时期，人们为了在充满竞争与挑战的自然环境中生存，需要不断去探索、创新和创造。原始社会晚期，人们已经学会利用木、石、骨等材料制成简单的工具进行捕鱼狩猎、耕种伐木等劳动活动，这比先前"简单地使用石块、木棍高效得多"。[1]美国学者亨廷顿指出"原始人打制合用的石块时，就是手工业的萌芽"。[2]在河姆渡遗址、红山遗址……所出土的石骨制品、象牙制品，被打磨得精细光滑，富有神采，这些远古手工制品反映了原始社会时期的生活及原始社会时期的手工业文化，虽然简约朴素，但却令人惊叹当时工匠们的独到见解和别具匠心。

从"打制"到"磨制"，从不规则到匀称，从粗糙到精细趁手，从最初石、骨等简朴的工艺制作到复杂的制衣、制陶、造房等原始社会时期的手工业，充分体现了早期工匠劳动生产所追求的完整与朴素，为了生存而彰显出一种质朴的探索创新精神，这也就是工匠精神最开始的萌芽状态。有资料记载，舜"陶河滨，河滨器皆不苦窳"。[3]距今4300年前，史书上就有关于工匠精神萌芽的记载，[4]这些文字就是对当时工匠所造器物的赞美，做工精良、巧夺天工、别具匠心。可见，传统手工技艺的发展是工匠精神的产生和形成的基础，这一时期的原始工匠精神首先表现为勇于尝试，敢于体验新事物、新方式。

二、手工业时期：精益求精，制造技艺

随着社会大分工，手工业从原始农业中分离出来，开始出现了专门从事手工业劳动的生产者，即手工艺人或工匠。

随着社会文化、技术的不断进步，工匠的种类也在不断增多。尤其

---

[1] 尤瓦尔·赫拉利. 人类简史[M]. 北京：中信出版社，2014：31.
[2] 路易斯·亨利·摩尔根. 古代社会[M]. 北京：中央编译出版社，2007：13.
[3] 司马迁. 史记（第1册）[M]. 北京：中华书局，2014：40.
[4] 工业和信息化部工业文化发展中心. 工匠精神——中国制造品质革命之亡魂[M]. 北京：人民出版社，2016：4.

是在青铜器时代，工具制造技术得到了跨越式的发展，掌握这些冶炼铸造技术的匠人受到重视，被视为不可替代的职业群体。《增广贤文》记载："家有良田万顷，不如薄艺在身"，《商君书》也记载"技艺之士资在于手"。

在手工业鼎盛的时期，中国古代的工匠们掌握了技术，练就了本领，创造了器物，地位不断提升，他们精湛的技艺获得人们的认可、社会的尊重。这一时期工匠造物的过程，也是自我价值的实现过程，工匠精神也得到发展，一度被上升到一种道德精神。尽管东方与西方存在地域、文化、历史情境的差异，但是基于技术进步之上的工匠精神却体现出诸多异曲同工之处。

三、工业社会：经济理性，技艺弱化

在工业社会，经济理性主义逐渐替代了人本主义，工商业发展的核心是以利益最大化作为根本追求，这种理念不断扩展，当生产制造等活动都以利益最大化为最终目标时，工匠精神就开始被经济理性无限压缩。

传统的师傅和徒弟的关系也逐渐转变为雇主与雇佣工人之间的剥削关系。对学徒的培训不再是师徒如父子般的技艺的传授和影响，而是简单的技能训练，培训过程也被分解为一个个的片段环节，人只是其中的一个部件，机器才是核心要素。

传统的工匠培训也被边缘化，取而代之的是日益兴起的学校职业教育。社会化大生产的规模不断扩大，对劳动力的需求也越来越多，学校职业教育可以大规模地培养具有专业技能的职业劳动者，对劳动者的培育目标是实用化，工匠精神的培育逐渐弱化。因此，这一阶段的学校职业教育脱胎于工业革命和"工具理性原则"，桎梏于"纯粹经济理性人"的人格理想追求，学习者的职业意识及其精神自然游离于工匠精神之外。

工业化给人类带来福利的同时也产生了一系列社会问题，尤其是异化问题日益凸显，人们的消费观念也发生着转变，高消费、过度消费、超前消费盛行，工业意识形态思想当道，人们开始对"慢工出细活"的工匠不再尊重，也不重视工匠精神，更不会把工匠作为自己的职业选择。职业院

校也开始把传统工艺看作是落后的生产方式,蔑视劳动鄙视工匠的价值观甚嚣尘上,于是,随着工业化的不断发展,传统手工业逐渐消亡。

四、工业革命后:劳动异化,技艺割裂

到了18世纪,英国的工场手工业的生产已经不能满足市场的需要,这就对工场手工业提出了技术改革的要求。随着蒸汽机的发明以及生产技术的发展,彻底改变了人类生产和生活的面貌。科学技术的迅速发展,使生产效率全面提高,社会分工趋于精细,专业化的社会大生产占据了社会经济的主导地位。随着社会经济的发展、生产方式的变化,工匠精神也在不断地变化、发展。

工业革命创造了巨大生产力,实现了从传统农业社会转向现代工业社会的重要变革。[①]人类进入了机器大工业时代,生产方式被彻底颠覆,技术的发展与革新释放了巨大的生产力,生产效率获得了极大提升。大机器生产方式追求高效率和利益最大化,对传统手工行业的职业信仰、宗教奉献理念带来冲击,职业伦理精神发生转变,工匠精神被边缘化,走向衰弱。

工业革命后,新兴资本家阶级出现,工匠沦为了被资本家剥削的工人,每位工人只是流水线上的一个环节,不需要进行综合性劳动,不需要为产品的整体负责,不需要考虑整个产品的质量、工艺等,只需要重复地做好一个环节、一个技术,甚至是一个动作,工匠的技术、经验、技能等已经不再重要,劳动被异化,工匠精神被忽视。按照老规矩的分工,一个人固定做针头,另一个人固定磨针尖,这种千篇一律、枯燥无味的工作,使得工人逐渐愚钝。[②]

马克思的"异化理论"和马尔库塞的"技术理性"深入探讨了"机器

[①] 朱庭光,张椿年,唐枢,等. 外国历史大事集近代部分(第一分册)[M]. 重庆:重庆出版社,1985-01.

[②] 马克思,恩格斯. 马克思恩格斯选集(第5卷)[M]. 中共中央马克思恩格斯列宁斯大林著作编译局,编译. 北京:人民出版社,2009:517.

生产实际地排挤和潜在地代替了大量工人"①的问题，继而批判了机械化、自动化大工业生产的诸多不符合人性之处。马克思指出人"就是不在某个特殊方面再生产人，而是要生产完整的人。""完整的人"是个人拥有表达和支配自我的高度的自觉与自由，是人各方面素质与才能的全面发展，是人物质与精神生活的丰富和多样性，也是人与自然、人与人之间高度的和谐统一。

卢卡奇则从社会大生产的角度指出：人类文明始终存在两种张力，一种是以弘扬人的主体性为特征的人本主义，一种是可计算化可定量的科学精神。科学精神与经济的结合在现代社会里，演变成了建立在被精细计算基础上的经济理性与技术理性，这两种力量始终处于激烈的冲突之中。②

五、后工业社会时期：重建彰显，工匠崛起

进入后工业化时代，电子信息技术得到了广泛应用。标准化的机器生产使得生产效率得到了巨大的提高，科技创新能力的增强能够提高市场竞争力，满足多样化的消费需求，基于科技创新的现代产业模式逐渐取代机器大工业，工匠精神得到重生，人们呼唤工匠精神的回归，生产制造业需要工匠精神。

各国对经济实体的重视使得工匠精神再次得以强调，德国提出的"工业4.0"时代、日本的"再兴战略"等都是与工匠精神中所体现的现实精神和创新精神相契合的。

消费社会转型的需要也驱动工匠精神的重建，人们在消费端需要高品质、高质量和符合审美标准的产品，这就对生产端的工匠精神提出了要求，驱动企业进行创新，改进产品的设计，在生产过程中更加注意精益求精。这一时期，工匠精神是一种价值观、一种人文精神。

---

① 马克思,恩格斯. 马克思恩格斯选集(第1卷)[M].中共中央马克思恩格斯列宁斯大林著作编译局,编译.北京:人民出版社,2012:249.
② 史巍."物化"的三种批判维度——论卢卡奇的物化理论的批判性[J].内蒙古民族大学学报(社会科学版),2006(05):36-39.

第四节 工匠精神的西方经验

一、德国经验

有口皆碑的德国制造与德国工匠精神,其形成与发展也是一个漫长而曲折的过程,更是一个知耻而后勇、绝处逢生、觉醒蜕变的努力奋斗的过程。德国的工匠精神也是德国制造业与职业教育联结共生而造就的技术工人的精神品格,是德国企业界及工人所遵循与内化的格律。

(一) 历史演变

1. 萌芽发展

11世纪末期,德国的手工业就已经很发达,随着城市的发展,市场逐渐建立并日渐活跃,制造工具多种多样,手工业品也丰富了起来。随着手工业的分工,城市的行会组织开始兴起,依托于行会组织的学徒制也得到了发展,到了14世纪,学徒制已经盛行。当时行会规定了学徒的准入条件、学习内容、学习期限等,工匠也被规范化管理,这些因素促进了德国手工业的发展,也促进了德国经济的发展。当时,德国的纺织、印刷、雕刻等手工业行会在欧洲名声大振。

手工业行会还影响了人们的生活,学徒制的确立使得师傅的地位得到了提高,甚至受到全社会的敬仰,渐渐提升到了工匠阶层在全社会的影响力,工匠精神逐渐萌芽。

2. 产生源头

随着15世纪新航路的开辟,西方商业中心开始从地中海地区转向大西洋,德国的欧洲贸易霸主地位逐渐没落,加上战争与地理位置的因素,德国的出海口被瑞典和荷兰分别封锁,德国与西方各国的贸易往来难以为继,工商业的发展状况堪忧。在这样的背景下,行会对学徒制的监控与管理逐渐减弱,但对学徒满师和工匠升为师傅的条件却更苛刻,甚至变相向工匠们收取高额费用,行会的这些规定使得工匠们处境艰难,这也导致了17世纪工匠的数量锐减。虽然大环境发生了变化,但工匠们仍然恪守着职业精神，制造出的产品工艺还是高标准的，如当时纽伦堡地区的武器制造技术非常发达，制造效率也很高，生产出的武器装备供不应求。

19世纪，经济的迅猛发展亟须高素质的工匠。当时普鲁士政府开始颁布相关法令，对工场手工业和行会进行整顿，清除不利于工匠培养的弊病，并鼓励手工业者要充分展示自己的才能和天赋，有关部门不得加以阻碍，还颁布了相关法律，规定纳税人可以自由经营相关行业。在相关法律制度的保障下，学徒培训可以由行会监管，也可以由自由手工业培训，这样工匠们就有了更多地接受规范化培训的机会，通过培训，工匠们接受了规范的教育和管理，逐渐形成职业习惯，进而形成敬业乐业的工匠精神。

3. 屈辱历程

由于战争和分裂的影响，德国作为内陆国家工业革命完成得较晚，比英国、法国晚了将近70年，这导致德国工业化发展严重缺乏高新技术和高素质人才的支持，为了缩小与他国的差距，德国只能走"捷径"，开始偷艺，模仿英国制造的品牌，生产冒牌商品，剽窃、伪造、贴牌等手段层出不穷，生产出大量仿制品贴上"英国制造"的标签向英国出口，这样的做法，使得德国商品的口碑一落千丈，俨然已成了廉价、劣质的代名词，甚至遭到了各国的抵制。1887年，英国在修改《商标法》条款时，添加了一条侮辱性的规定：所有从德国进口的商品必须有标有"德国制造"的标签。此举旨在曝光其产品的原产地，引导本国消费者抵制"德国制造"的产品。

遭受如此屈辱后，德国人痛定思痛，决定改变"德国制造"的状况，努力制造出高质量高技艺的产品，以改变他国的看法，当然英国的做法也加快了德国自我反思的进程。

4. 觉醒蜕变

1876年，德国机械工程学家弗朗茨·勒洛在第六届世界博览会上对本国产品提出了严厉批评，认为德国产品质量粗劣、价格低廉、假冒伪劣。他的言论立刻在德国引起了巨大震动和广泛关注，为了改变"德国制造"的在世界各国的不良印象，重新塑造本土品牌，德国自1887年对制造业进行觉醒改革。当时，德国一些企业家已经意识到产品质量的重要性，开始把产品的质量视作企业的生命,"用质量竞争"成为企业发展的目标,提出占领市场要靠质量的口号,同时对产品严把质量关。与此同时,政府也明确表态,下定决心改变德国制造的现状,在第二次工业革命之际,德国在许多领域全力改革,加强技术攻关,潜心制造10年,产品的质量有了大幅改观,基本实现了从假冒伪劣向创新优质的转变,甚至在某些领域还超过了英国,比如日中天当时德国的西门子、拜耳等品牌也开始有了一些国际知名度。

5. 潜心制造

德国在一定程度上洗雪前辱之后,趁热打铁,坚持质量至上,追求工匠之路,集他国所长,制定了一系列政策为企业提高产品质量提供制度保障。当时作为世界科学家中心的德国,汇聚了很多顶尖科学家,相对论、量子力学、细胞学说等理论和学说纷纷创立,使得德国有着其他国家无可比拟的科学研究能力,但由于理论研究与实践生产结合不够,科学研究成果难以向生产产品的转化。到了19世纪90年代,德国开始注重理论与实际的结合,在进一步提高科研水平的同时,强调科学研究成果转化为生产力,同时还成立了德国标准化协会,使得德国标准化水平得以提升,工匠们坚持标准化,追求卓越,认真对待每一道工序,努力打造出高精尖的产品,由此,工匠精神开始成为生产制造的共识。

经过半个世纪的努力,德国打造出了一支一流的科学技术人才队伍,包括科学家队伍,工程师队伍和技术工人队伍,从而引领了第三次科技革命,在制造生产中将科技与生产充分结合起来,创造出一系列全球知名品牌,包括西门子、博世、蒂森等著名品牌,进而打开了德国产品进军世界市场的大门,取得这一成就的背后,工匠精神起到了巨大的推动作用。在工匠精神的影响下,德国在机械、钢铁、电气、化工等领域打下深厚根基,"德国制造"声名显赫,使德国沿着工匠之路持续前行。

(二)理论起源

1. 德国哲学的理性启蒙

被称为"哲学民族"的德国,其哲学思想博大辉煌,从自然哲学到启蒙哲学再到古典哲学,都以理性和思辨为追求,思辨哲学体系为其民族理性精神奠定了基础，铸就了严谨踏实的民族品格。康德曾强调"人的理性的公开运用必须总是自由的，这本身就能带来人类的启蒙"，[①]德国哲学在理性精神的基础上评判发展，同时渗透着内向深沉善于思辨的民族品格，人们不断进行自身价值的理性思考，进行职业精神的理性思考，努力在具体工作中得以体现，尊重规律的同时，发挥主观能动性，发挥工匠的匠心潜力，尽心尽力地设计、制造产品，工匠精神也就在这种严谨踏实的民族品格中得以凝练。

2. 宗教伦理的"天职观"

在德国宗教改革运动中分化出的新教流派，极力推崇匠人的从容自若的生产劳动。路德提出"因信称义"思想，强调"上帝应许的唯一生存方式，不是要人们以苦修的禁欲主义超越世俗道德，而是要人们完成个人在现世里所赋予他的责任和义务，这就是他的天职"。[②]指出信徒对上帝信仰便能获得上帝的恩典，人类的工作也是上帝安排的，完成自己的工作即是完成"天职"，这是获得上帝恩典的途径，从而使得世俗工作被蒙上了神圣的宗教色彩。

无论职业形式如何，教徒都将自己的职业视为上帝的旨意，以完成天职为荣。新教伦理思想鼓励人们劳动，为人们的劳动行为增添了理性，对职业精神产生了巨大影响，对工匠精神的形成奠定了基础，长此以往，人们养成了敬业工作淡泊名利的习惯，造就了勤奋节俭、严谨有序的工作态度。

3. 美学理论的审美鉴赏

1750年，德国哲学家鲍姆加登提出了美学概念，并作为独立的学科得到发展，康德、费希特、黑格尔等人对古典美学进一步发展，使得德国古典美学发展为西方美学的顶峰，这一美学思想充满了人道主义精神，对人文环境和自然环境有着巨大影响，也提高了德国社会的审美和鉴赏力。美学思想引起人们对美的塑造和向往，"黑格尔将美作为理念的感性显现，

---

① 伊曼努尔·康德. 对"什么是启蒙"的回答 [M]. 肖树乔, 译. 北京: 中译出版社, 2015: 3.
② 马克斯·韦伯. 新教伦理与资本主义精神 [M]. 于晓, 陈维纲, 译. 陕西: 陕西师范大学出版社, 2006: 34.

而艺术即是显现的方式"。[①]

以美学理论为依托的社会审美水平通过艺术作品呈现出来，工匠制作的作品也就成了表现自身技术的艺术品。德国美学的发展使工匠们对作品美的向往和追求完美极致的技术理性集合了起来，迎合了人们的审美标准和消费需求，在这一影响下，符合美学标准的质优价廉的产品被大家们源源不断地创造了出来。

（三）具体内涵

1. 精

即精益求精，是指产品在已经保持较高质量与水准的前提下，工匠依然孜孜不倦、寻求产品质量提升的空间与无与伦比性。

德国工匠尤其是家族企业的工匠在制造过程中坚持着这种追求和品质，专注于产品的技艺打磨、品质保证、形式的更新，毕其一生打造精品，然后维持着这样的水准代代相传下去，外界及其行业的环境变化不会影响其专注于产品的研究。

德国的家族企业朗格表厂创立于1845年，170多年来，家族坚持"只生产世界上最优秀的钟表"的信念，专注于机械表的制造及自制机芯的研制，为了追求完美，以一种精益求精的精神对所有部件都是进行手工打磨。另外，对钟表师的培训有严格的要求，钟表制作的周期有严格的规定，钟表制作的数量也是限定每年5000只的数量，这些都是对产品的品质的保证，使得朗格在制表领域树立了较高的标准，朗格表也成了世界名表之一，朗格的品牌离不开精益求精的工匠精神和高标准的手工打造技艺。

2. 严

即严格严谨的精神，对产品从设计到生产到售后都有着严格的标准，在既定要求下不能随意更改与变通，在各个环节都必须严格按照标准执行。首先，在日常生活中德国人具有严格严谨的精神，他们守时重信，工作环境干净整洁，日常行为遵守规则；其次，在生产制造过程中有着严谨

[①] 杨一博. 十八至十九世纪德国民族精神形成的美学基础及其理论效应[J]. 西南民族大学学报（人文社科版），2017, 38（11）：174-180.

认真的态度,对每一个产品、每一个部件的制作都按照严格的标准执行;最后,在企业管理中也坚持严格严谨的作风,不允许降低生产标准,不允许员工态度不认真,不允许员工不讲诚信。正是因为德国工匠们严格严谨的精神,他们制造出的产品务实耐用,精密安全,从而能具有强大的市场竞争力,德国产品也成为高品质高技术的代名词。

德国贝希斯坦钢琴企业成立至今已有170多年的历史,对每一台钢琴的生产都按照严格的标准和规范的流程制作,把产品当作艺术品来打造,并制定了贝希斯坦质量管理体系,严格要求产品的质量,对钢琴师的培训也有严格的规定和要求。自设立了学徒培养机制起,学徒需要用至少3年的时间学习钢琴制作的所有流程并学会标准体系。

3. 专

即耐心专注,是指在产品的制造过程中认真细致地做好每一件产品,且专注于产品的质量提升。德国制造业工匠坚持"术业有专攻"与"慢工出细活",一步一个脚印专注于某个产品的制造。在全世界的"隐形冠军"企业中,德国占据了一半,2019年,德国的"隐形冠军"大多数集中工业领域,这一部分占了86%的比例,包括机械制造、化工和医药等企业,形成了完整的产业链和产业群,这些企业专注于产品制造,潜心深耕,以慢求质,在"慢"的专注中提升产品的竞争力和品牌效应。

德国伍尔特集团自成立以来,就专注于"螺丝"单一产品的生产,其产品所覆盖的DIN德标、ISO国际标准、EN欧洲标准、GB国标等,在很多领域不可替代。

4. 卓越

即追求卓越,是指在产品的生产过程中,不满足于一时的成就,随着技术的发展和产品不断升级的背景下,不断创新,以保持产品质量处于领先地位。德国政府注重科技创新和成果的转化,投入大量资金进行研发,还构建了相应的科研创新体系。欧洲专利局的最新数据显示,德国的专利申请数量排名第二,仅次于美国。

德国尤其突出的是在气候保护领域的创新,欧盟公司中41.7%的专利申请来自德国公司。在2015年至2021年,欧盟30%的绿色商标来自德国。

调查发现这个数字几乎是欧盟排名第二的法国的三倍。①据统计，德国的研发经费占到国内生产总值的3%，科技创新对国内经济的贡献率高达80%，这充分说明德国始终保持着优异的创新能力。同时，德国的工匠精神也体现了一种不断创新，追求卓越的精神，在不断突破陈旧、追寻创新过程中不断发展。

（四）对我国工匠精神培育的启示

1. 思想认识的转变

（1）改变陈腐观念，提高职业平等意识

精神文化主要是指人类在一定的社会政治和经济基础上，通过各种形式表现出来的价值取向、心理定式和行为准则，具体地表现在人的伦理道德、对美的事物的感受、对于艺术品位和精神世界的追求。工匠精神可以看作是人们对高尚精神文化的崇尚，也是一种需要被凝聚的社会共识。在中世纪的德国，宗教凝聚了社会共识，人们将世俗职业与天职联系起来，相信通过劳动便能够得到上帝的恩典，在宗教精神的关怀下，人们敬业乐业，劳动的自觉性得到极大提高。

虽然，我国历史上也存在着优良的工匠传统，但传统文化中"农本工末""劳心者治人，劳力者治于人"等观念长期影响着我国的精神文化。传统文化中的陈腐观念鄙薄劳力者，认为手艺和技术远不及脑力劳动产生的社会价值高，影响人们的工匠心智的塑造。但是历史与现实表明，劳力者与劳心者作为推动社会发展的主要力量，都应具有相等的社会地位。理性看待劳力者与劳心者的社会地位并不是说一味地贬低一个群体而抬高另一个群体，而是要凝聚职业平等的社会共识：职业的地位平等，只是分工不同，工程师和普通技工所从事的劳动也是生产性的，创造出高质量的产品就能创造社会价值，值得被全社会所尊重。在现代社会中，社会成员的主体性和自我价值凸显，而社会文化也日益尊重差异性和包容多样性。我国虽然没有像德国这样的宗教传统，但我国的中国特色社会主义制度在凝

---

① 德国专利申请数量在欧盟领先，绿色科技专利申请尤为亮眼[EB/OL].（2022-10-10）[2024-06-01]. https://www.sohu.com/a/593919541_603201

聚社会共识方面具备较强的优势，利于提高职业平等意识的认识。

（2）改变传统错误观念凝聚工匠精神

要改变对劳心者与劳力者社会地位的错误认知，凝聚全社会崇尚工匠精神的社会共识，可以利用以下几种方法。

首先，利用大众传播，加大传播力度，综合运用报纸、书刊、电视台、互联网等媒体资源，将各类宣传力量凝聚成一股合力，创新工匠精神的表达方式。如央视在2015年推出的《大国工匠》系列节目，讲述了身处平凡岗位的工匠用自己的绝技和担当诠释当代工匠精神的故事，技术工人对技艺的钻研和专注令人叹服，他们应得到与其他职业相等的尊重。在这个新媒体和自媒体发展态势迅猛的时代，要利用好网络的力量，积极宣传"工匠精神"。如《我在故宫修文物》这部文物修复纪录片在央视播出时并未得到应有的关注和支持，但在国内知名的视频弹幕网站上却被许多年轻的网民簇拥，截至2024年5月，《我在故宫修文物大电影》播放次数已达751万，并且有许多网民在网络上认真评论观后的感受。

其次，充分利用个人自身的传播优势，发挥榜样示范作用，在对内传播和对外传播的过程中，以身边点滴小事凸显"工匠精神"中的爱岗敬业、精益求精和追求完美等价值。如师傅在向徒弟传授技能时，不仅要传授技艺，更要严于律己，在教学过程中帮助学徒建立正确的世界观、人生观和价值观，促使个体将至善尽美视为一种追求，从而不断地进行创新。

最后，将关于工匠精神的思想政治教育引入各个学科。让学生初步了解中国工匠精神的历史传统，增强各个教育阶段的学生们对工匠精神的理性认识和认同度，引导学生形成崇尚劳动、尊重劳动的价值观。如在语文课本中增加与工匠精神相关的篇章，在美术课上让同学们欣赏我国古代的精致手工制品等，增强学生对中华优秀传统文化的自信心。

2.构建工匠共同的精神家园

（1）工匠精神与职业行为规范的融合与转换

在中世纪，德国的手工业行会是发展工匠精神并使其更成熟、更制度化的权威性社会组织，它还推动工匠精神在社会生产中的践行。凡是从事手工业的工匠必须加入手工业行会，成为行会中的一员之后，他们必然严格遵守行会的规章制度并坚守自身职业伦理，行会的价值取向也就对整个工匠群体产生了引领和带动作用。由此看来，正是由于特定职业群体的集体权利对工匠群体起到了约束作用，工匠精神才能够成为职业行为的道德规范。法国社会学家涂尔干指出，任何职业活动都必须得有自己的伦理，倘若没有相应的道德纪律，任何社会活动形式都不会存在。道德规范是对人们的道德行为和道德关系的普遍规律的反映和概括，它能够支配个体，也能够对个体的选择倾向加以限制。通过合法的方式为个人设定法律的道德权利，就是集体权利。而在当代的中国，随着我国职业分工的细化以及社会功能的不断分化，有些旧的传统规范失去了约束力量，而新的社会规范却还未建立起来或未能形成普遍的约束力，致使社会风气浮躁，进而导致工匠精神出现缺失的状况。

（2）构建职业共同体，营造工匠精神的文化氛围

所谓职业共同体，是指基于职业群体共同利益的需要而生成的具有共同特质、其成员具有归属感并且维持着形成社会实体的社会联系和互动群体。职业共同体是知识共同体、价值共同体，同时也是利益共同体。由于共同体内成员具有相同的职业知识、共同的话语和思维，通过互动与交流，能够以团队激励个人，对个人的品质进行良好的塑造。因此，构建各行业的职业共同体，营造有利于工匠精神发展的社会环境是十分必要的。职业共同体的构建能够促进行业自律，敦促工匠的行为在合法性的基础上追求道德性、规范性和合理性。职业共同体的成立离不开高素质工匠的参与，协助新生工匠形成良好的职业精神有利于在工匠群体的不断更新中促使职业共同体逐渐成立。

首先，以校企合作利益共同体推动职业共同体的构建。在校企合作利益共同体中，教学和研究人员，在教学和研究中要坚守职业理想，践行职业操守，以身作则，在传授技能的同时，提升未来工匠职业认同感、荣誉感。

其次，实施严格的职业准入制度。要增加实行职业准入制度的职业类型，加强对入职人员的监督，职业准入制度的成熟和完善也会直接影响工匠队伍的建设和质量。严格的职业准入制度能够在保证产品和工作质量的

同时，提高整个行业的创新水平和技术水平。技能熟练的工匠能够感受到劳动为他们带来的心灵上的满足感，并更深入地思考他们劳动的意义，进而推进职业共同体建立的进程。

最后，加强团队交流与共同投入。管理人员要身居一线，而员工也要坦诚交流工作状况，可建立工匠工作室加强对工匠的常态化管理，通过员工间的深度交流促进工匠活动的开放性，在追求共同利益的过程中构建职业共同体。

3. 完善工匠制度，推进制造强国的建设

（1）德国工匠制度的启示

从德意志帝国到今天的德国，德国政府不仅十分注重职业教育的发展，在制造质量保障方面，德国也有着较为完整、严格的制度体系。2011年，德国工业4.0的战略构想落地实施，此项举措致力于提高制造业的智能化水平，进而推动产品生产的灵活性和定制性。工业4.0不仅在战略创新中传承了德国沿袭多年的工匠精神，也是对当代德国工匠精神的生动诠释。

德国双元制的职业教育制度一直被各国借鉴和效仿，中世纪产生的工匠分级制度也得到了继承和发展，延续下来成为如今仍在使用的现代学徒制度。这些都为工匠精神的发展和传承提供了强有力的保障，也让德国制造成为世界典范。在质量保障制度的制定上，德国政府为企业提供契合的制度与法律框架，如《设备安全法》和《食品安全法》，这些法律法规不仅规范了企业的治理结构与治理能力，还能够保障与促进个人的自主性与首创性。除此之外，德国还有严格的召回制度，著名甜点公司Haribo因在清洗生产机器时发现生产线传输带的一根金属钢轨被损坏，由于金属粉末溢出会对食品安全产生重大的隐患，因此，该公司在第一时间内召回了全球范围内的1.4万袋糖果。

（2）我国工匠制度的探索

当前，我国的人才培养模式也在随着时代的变化而不断更新，从根本上来说，可持续的人才供应机制还未建成。在高考招生中校企合作、订单式培养等专业也在增加，但在个别行业仍存在人才的断层现象，有些用人单位反映学校并未向社会精准输送足够的紧缺专业的技术人才。为落实

《技工教育"十三五"规划》,各地政府争相出台相关政策,如山东省新兴的"高职+技师"的合作培养专业,合作培养的学生在毕业时可以同时拿到大专院校和技师学院的毕业证,学校还可为技能鉴定合格的学生颁发预备技师证,取得预备技师职业资格的技师学院全日制毕业生,在确定工资起点标准、参加公务员招考和职称评聘等方面,按照全日制本科毕业生享受相应政策待遇,并且在毕业时安排就业。但试点的院校较少、专业单一,学生需要在技师学院学习,技师学院作为中专院校,其地理位置与学习氛围对于高考刚结束的学生并不具备吸引力,因此,这种模式没有得到考生的青睐,在高考的征集志愿中出现大量缺额。[①]

科学合理的工匠制度能营造激发工匠精神的工作环境,因此,继续完善工匠制度是十分必要的。以利益驱动工匠精神的发展似乎看起来过于流于表面,但我国一线工人的流失相当严重和普遍,工匠也要维持生计,企业所提供的与自身提供劳动强度不匹配的低薪导致他们离开本行业而投身于其他行业。因此,提高工人待遇留住人才需要加强以下几个方面:首先,完善人才保障机制,在保障高层次人才的同时,也要以政策法规充分保证工人的各项基本权利和利益。其次,学校与企业要加强衔接,依据企业的需求,精准培养输送紧缺的专业技术人才,针对企业向学生额外收费的技术型校企合作专业,企业可适当调整学费。最后,深化市场领域的法律制度改革,完善产品和服务的市场准入制,与时俱进地修订产品质量和服务质量的标准,以高质量和严格要求的标准促使市场中产品质量和服务质量的提升。

二、日本经验

在日本,工匠精神被理解为"职人精神""职人魂",是指工匠尽分守职的一种精神风貌。日本工匠精神的发展受中国儒家文化和佛教文化的影响,以"天人合一"的价值观为理论渊源形成的敬业、敏行的"家职伦

[①] 在2016年12月9日,人社部印发的《技工教育"十三五"规划》中,"三、优化技工教育布局(二)稳定学制教育规模]指出,拓宽招生渠道,鼓励技工院校探索高级工班和预备技师(技师)班招收中级工班学生的内部招生,面向往届初高中毕业生和企业在岗职工等群体的社会招生……"

理"精神，其发展经历了漫长的历史。

（一）发展历程

1. 工匠精神的萌芽

公元5世纪到7世纪，随着中国的物品与技术、思想等的传入，日本的传统手工业得到发展，工匠精神也在奈良、平安时期开始萌芽，促进了日本的文明开化，为日本工匠精神的形成与发展奠定了技术前提和物质基础。

公元5世纪后半叶，大和政权成立，中国的工匠和僧侣进入日本，与从事陶铁生产的氏族被编入品部，开始以手工制作"奉公"，这就是最早的日本工匠集团。隶属于品部的手工业与其他行业有很大不同，在一定时期到皇室的工房或其他部门从事某种专门生产或服务，如锻造部在伴造锻冶造（品部的首领）的管理下，在一定时期内到宫廷工房生产铜器、铁器等。[①]国家对品部免除课役，以保证职能与技术的应用与传承。

在奈良时代（710—794年），设立了内匠寮，内匠寮隶属中务省，工匠开始有了技术等级制度，工匠的地位和待遇也得到了提高，内匠寮有很多技术官，负责制造皇室用品。

到了平安时代（794—1192年），中国的工艺品和技术进入日本，日本确立了拥有特定技术的工匠氏族自特定官司世袭承包的制度，即"官司合同制"，工匠开始形成与官方有联系又相对独立的集团。工匠拥有劳动工具和生产技术，通过劳动生产，获取工钱，这种制度对工匠精神的萌芽起到了推动作用。同时，工匠还得到了贵族的尊崇，他们对工匠及其技术较感兴趣，通过小说、歌谣等来描述和记载各类工匠，讲述工匠的神妙技术。

可见，早期的日本工匠群体之所以拥有较高的社会地位，是由于他们是中国传统物质与精神文明的传承人，其神圣地位源自日本民族对中国文明的崇拜与敬畏。可以说，他们的自我身份认同与职业自豪感萌芽于对中国技术与工具中"超自然"力量的崇拜。

2. 工匠精神的初步形成

到了中世时期，随着中国精美工艺品与先进技术的输入，日本社会分

---

① 吴廷璆. 日本史[M]. 天津：南开大学出版社，1994：36.

工不断深化，手工业也越来越细化，手工业匠人开始形成"座"的行业工会组织。12世纪后，工匠的身份显著提高，且和平民有着明显区分，被称为"供御人"或"神人""寄人"等，国家制作工匠还享有免交交通税的特权。14世纪，开始出现了"出职"与"居职"的工匠工作，工匠隶属于领主，有经营和生活的保障。

这一时期，日本工匠的群体意识和自我认同不断发展，工匠精神初步形成。自镰仓到江户时代，日本留下了诸多"职人尽绘"①，其中多为当时的贵族所编纂，体现了中世时期（公元12—16世纪）到近世时期（公元1603—1867年）上层社会所认知的工匠精神。其中，职人歌合中的工匠，面部表情祥和专注，一心投入工作中。

中世时期是日本本土信仰"神道"与外来信仰"佛教"相融合的时期，此时的工匠精神也是在"神佛习合"的影响下，开始产生了对职业神圣性的自我认知，其中的"佛"指拥有广阔庄园与巨大经济影响力的"显密佛教"，以天台宗和真言密教为主，显密佛教中包含了日本佛教中最具特色的"本觉思想"②，在中世时期（公元17—19世纪）的本觉思想中，带有主张现实生活价值的世俗化倾向，净土真宗也对手工业持肯定态度，而且，本觉思想作为一种世界观与崇尚"众生平等、无情有性"的自然伦理，也影响了日本工匠精神中对工具的崇拜观念。

3. 工匠精神的确立

江户时代（1603—1868年），中国的明清儒学被当作日本的统治思想，得到了"本土化"和"世俗化"。这一时期产生了浓厚的实用主义倾向，日本主要是接受"形而下"的思想。因此，江户时期儒学普及、"士农工商"四民阶层身份日益固化，职业分工也逐渐明确，工匠职业的神圣性也逐渐淡化，日益世俗化，大部分沦为草根阶层，日本工匠精神也随之趋于世俗化并得以确立。

在工匠组织制度方面，为了使技术得到更好的传承，师徒制关系和

---

① 注：《职人尽绘》中的职人不仅指工匠，也包括医师、巫女、阴阳师、商人等"专业人士"。
② 注：本觉思想来自中国化大乘佛教《起信论》，指一切众生本来具有的"悟"或"觉"。

技术传承的基本范式也得以确立,工匠不断从农民中分化出来,自17世纪初,工匠集聚各个城下町。①师徒制作为工匠中的纵向组织模式,会约束弟子在修业期间不得逃走,以免技术外流。随着工匠阶层的分化,上层工匠因承包制的出现和普及而具有了越来越明显的商人身份,成为工匠老板,管理着下层工匠,为集中管理这些工匠,开展大型官方工程,幕府也会任命御用工匠开展动员工作。

到了18世纪,根据工种的不同,产生了行业工会,对技术的自负与责任感也真正被确立为"职人气质"。到18世纪,手工业生产是唯一的工业生产方式,其作用极大,工匠的地位也较高。但此后,批发式家庭内加工工业诞生,19世纪更有了所谓的工场制手工业,以量产为目标的工业生产甚至发展到了村落中。

具体而言,江户时期工匠的技术传承主要依靠"年季奉公"（又称"丁稚奉公"或"徒弟奉公"）制度,指年纪幼小的学徒于一定期限内在师傅家劳动与学艺,其主要伦理依据就是家职观念。由于江户巨大的工匠需求,以往的一子相传制已经远远满足不了社会需求,需要大规模的工匠集团。由此,"亲方"即师傅招收多位弟子的学徒（徒弟）制度逐渐确立。

随着工匠制度的成熟,在江户中期,日本的工匠职业观如随町人哲学思想家石田梅岩提出的"四民职分平等论"和"商人商业有用论"得以确立。宽永年间（1624—1644年）,天下太平,职分论登场,职分论由两部分构成,一是人人平等;二是四民职业的公共机能与职业性实践的道德论,与职分论紧密联系并构成"家职"观念的,则是对于家业的广泛认识。

在江户时代的通俗文化中,职分论十分普及,工匠的职业自豪感得到提倡。在"知行合一"观念的影响下,知识分子往往也从事一些匠事,对于工匠手作的理性认识进一步得到提高,大量的工匠图汇、字典和工具器械丛书等教育资料作为儒学训蒙教化载体,成为近代工匠行为实践的范本,培育了其技术理性,工匠精神基本得以确立。

---

① 注:城下町即以各地城郭和领主宅邸为中心所形成的城市。在17世纪前后,随着新政权的逐步确立,日本各地都出现了新的城下町。为了保证大名及其家臣在城下町的生活,各地的工匠都聚集起来参加建设。

(二)经验启示

工匠精神是日本根据日本人的生活生产方式与精神需要,对中国传统文化做出的诠释与改造,作为具有普遍价值的信仰力量,工匠精神成了日本制造业在历史转型中的重要文化资源。当前,人类社会正在经历一场包括互联网、新能源、人工智能等新技术在内的科学技术变革,日本不少制造业巨头就是在这一激烈的技术变革面前,被现代技术带来的工具理性霸权下的急功近利和人类中心主义的独断倾向所左右,导致其传统工匠精神失落,业绩下滑、丑闻频出,陷入了"创新窘境"。

当然,也有一些日本企业在反思基础上明确了制造业升级对工匠精神中的传统劳动观、价值观、自然观与体制基础的诉求,从而成功发挥了工匠精神在现代制造业中应有的作用。

中国是工匠精神的重要发源地之一,但传统工匠在古代等级社会中一直处于社会下层,难以获得与普通劳动者平等的身份地位。而且,在西方功利主义的侵袭下,传统工匠精神不断失落,重拾工匠精神面临着巨大的挑战。在这样的难题面前,日本工匠精神作为以伦理本位为特色的中华文化的一部分,其传承中的经验教训或对中国具有启示意义。

第一,管理模式上的全员参与模式强调东方式的共同体观念,将标准作业划分基准落实到小组,自基层到高层进行提案与决策。这种做法能够提高基层员工对于企业的归属感,也有益于将生产第一线发现的问题及时、精确地反映到产品开发、生产与销售流程中,具有较强的借鉴意义。

第二,在工匠传统技艺与精神传承的方面,中国需要发扬工匠精神中家职伦理的凝聚力留存与复兴学徒制度。对进入国家非物质文化遗产名录的"端砚制作技艺"做田野调查时发现,端砚艺人的师傅就是他们的"行业神",工匠正是在尊敬师傅、尊崇传统的过程中找到了自己的位置。发扬"口传身教"的"传帮带"模式,培养师徒间如家族成员般的信任与依赖,才能真正令各行各业人士将传统与创新、个人进步与集体发展相结合。

中国需要树立杰出工艺大师、工人技师榜样,引领工匠精神示范。保护工匠、技师的合法利益,借用现代手段拓展技艺传承,通过信息化手段进行传统手工艺生产演示与精美产品展示、传达工匠精神，最终以虔诚的劳动观和职业观将"中国制造"打造为安心、安全的杰出品牌。

第三，国内产业链快速下沉并且趋于细分化，面对日益激烈的市场竞争和欣欣向荣的互联网行业，工匠所属的实体制造业需要不断尝试与市场相结合的真正的创新，要吸取日本的教训，不能为了技术而技术。日本的市场主义是在传统工匠精神土壤与较小的国内市场中诞生的，强调满足多样化的、潜在的消费需求，乃至提倡老字号企业也要去开发市场、创造需求。当前中国处于消费社会转型阶段，企业必须及时转变观念，适应新时代消费需求的变化。索尼（中国）有限公司就表示，中国未来市场竞争的核心是消费人群的梳理。而消费者对产品品质、个性化的需求，直接指向工匠精神中的品质至上主义和顾客导向。制造业需要在坚实的产业基础上引入互联网、大数据和人工智能等新技术，不断研究市场实际情况，与消费终端企业联合，提高生产能效，开发个性化技术、打造个性化分支产品，满足消费者对产品和服务的差异化需求，赢得市场先机。

第四，制造业转型是中国率先进入生态文明的重要契机。正如海德格尔针对现代技术开出的药方，人们可以通过唤醒深藏于艺术世界与诗歌世界中的"诗"与"思"来自我拯救，从传统工匠精神中汲取生态智慧，有利于我们在当前制造业中以东方生态文明理念重建人与自然的和谐。秋山利辉就曾指出，"人们借优质产品才能重新找回珍视物品和资源的心，找回商业世界之外那个单纯而温情的世界，因此真正匠人制作的木工是很受欢迎的。"[1]丰田也采用精益管理模式，以创造价值为目标做"正确的事"，避免生产过剩带来的浪费。《韩非子·难二》云，"舟车机械之利，用力少，致功大，则人多"，记述了以机械之力提高效率之法。目前，中国的制造业生产还有不少采取粗放模式。我们在弘扬传统工匠伦理的积极作用时，也应当唤醒敬畏自然之心，重拾工匠精神尊崇天人合一的情怀和道法自然的智慧，在生产过程中淘汰粗放式经营，在提升效率与效益的同时，最小化对生态的破坏。

---

[1] 专访秋山利辉：匠人精神的源头在古代中国[EB/OL]．（2017-06-04）[2024-06-06]．https://www.thepaper.cn/news Detail_foward_169274.

第六章　工匠精神培育的理论基础：劳动教育

第一节　西方劳动教育

从奴隶社会时期对劳动的鄙夷到资本主义社会劳动的异化，古希腊时期对劳动鄙视的思想、古典政治经学的劳动价值思想、德国古典哲学的思辨劳动思想以及空想社会主义的劳动学说，各种劳动思想竞相绽放。

一、古希腊时期的劳动思想

在古希腊时期，奴隶主占统治地位，奴隶主贵族可以占有土地和奴隶以及享有政治权力，奴隶只是为奴隶主创造物质财富的工具，他们从事着农业、手工业等各行业的劳动，这些劳动与诗歌创作、哲学思考等活动相比极其卑微低下，被认为是一种辛苦和无知的劳动。

（一）赫西俄德劳动思想

赫西俄德是西方文明的奠基人之一，他在长诗《工作与时日》中探讨了农事劳动在人与自然、人与社会的关系中起到了中介作用，劳动对于人类获得财富至关重要，"如果你劳动致富了，懒惰者立刻就会忌羡你"[1]；他提出了劳动的道德限定，认为只有进行正义的劳动，才能让人们的心理得到平衡，才能创造更多的财富，"不要拿不义之财，因为不义之财等于惩罚"[2]；他还指出从事劳动要遵从自然规律，才能提高劳动效率，"勤劳就工作顺当，做事拖沓者总是摆脱不了失败"[3]。

---

[1] 赫西俄德. 工作与时日神谱[M]. 张竹明, 蒋平, 译. 北京: 商务印书馆, 2017: 10.
[2] 赫西俄德. 工作与时日神谱[M]. 张竹明, 蒋平, 译. 北京: 商务印书馆, 2017: 11.
[3] 赫西俄德. 工作与时日神谱[M]. 张竹明, 蒋平, 译. 北京: 商务印书馆, 2017: 13.

1. 劳动的重要性

在长诗中，赫西俄德通过神讲述了劳动的由来并指出劳动的重要性，认为"不和"女神是有益于人类的，因为人们产生了嫉妒心理，为了满足自身的欲望，则会通过不断的劳动去获取财富。同时，他还劝诫人们要勤劳劳动，即使致富后依然要勤劳劳动，"无论如何你得努力工作"，认为"人类只有通过劳动才能增加羊群和财富，而且也只有从事劳动才能备受永生神灵的眷爱。劳动不是耻辱，耻辱是懒惰。"[①]

2. 劳动的正义性

人们有着对财富的欲望，但要通过正义的劳动来获取财富。赫西俄德劝告自己的兄弟说"你要倾听正义，不要希求暴力，因为暴力无益于贫穷者，甚至家财万贯的富人也不容易承受暴力，一旦碰上厄运，就永远翻不了身。反之，追求正义是明智之举，因为正义最终要战胜强暴。"[②]这里所提出的正义之事，就是说要通过正义的劳动去获取财富。

3. 劳动的高效性

赫西俄德鼓励人们一方面要努力劳动，同时还要能高效率地劳动。"如果你心里想要财富，你就如此去做，并且劳动，劳动，再劳动。"[③]他以农业和捕鱼业来说明在劳动过程中要遵循规律，要及时劳动，不能懒惰拖拉。另外，劳动过程中要选取有效的劳动工具，保证劳动者自身的体力的充沛，这些都是影响劳动效率的因素。

（二）色诺芬劳动思想

色诺芬是古希腊著名的历史学家和思想家，他提出了关于劳动分工的思想。在那个时代，商品经济尚未发展，分工和市场的互动尚未显现，但色诺芬通过实践和观察，从使用价值的角度考察了社会分工问题，他认为一个人不可能精通一切技艺，所以劳动分工是必要的，劳动分工源于人的天赋差异，通过劳动分工能提高劳动生产率，能使产品制作更加精美，能提高产品的质量。

---

① 赫西俄德. 工作与时日神谱[M]. 张竹明，蒋平，译. 北京：商务印书馆，2017：10.
② 赫西俄德. 工作与时日神谱[M]. 张竹明，蒋平，译. 北京：商务印书馆，2017：8.
③ 赫西俄德. 工作与时日神谱[M]. 张竹明，蒋平，译. 北京：商务印书馆，2017：12.

色诺芬指出，男女结合在一起是神聪明的安排，这也促使他们结成更和谐的合作关系。先天的生理差别造就了男女之间天生劳动分工的不同，神赋予了男人更多不同于女人的能力。"神使男人的身心更能耐寒耐热，能够忍受旅途和远征的跋涉，所以让他们做室外的工作。而女人呢，由于他使她们的身体对于这种事情的忍耐力较差，所以，我认为，他就让她们做室内的工作。"[1]根据男女的自然特性的不同赋予了不同的分工，根据天赋的不同进行室外活动和室内活动的分工。因此，人们要想获得生产物品就必须从事一定的室外活动，如农业耕作、种植等室外的劳动分工。在获得一定的劳动成果以后需要到室内进行加工处理、保管等，这些属于室内的劳动分工。色诺芬还认为神和法律都规定男人女人的各有所长，需要完美的合作来增加财产收入，而不是让财产受到损失。

（三）柏拉图的劳动思想

柏拉图在《理想国》中，从劳动和社会分工思想出发构建了他心目中的理想国，他认为社会分工是人类文明的前提，社会分工是城邦社会政治经济活动的一个组成部分，他描述了城邦的基本形式，首先要由民众相互依存而形成，并通过劳动分工生产提供物品和服务而发展，为了满足衣食住行等的需要，"最小的城邦起码要有四到五个人……一个农夫、一个瓦匠、一个纺织工人……只要每个人在恰当的时候干适合他性格的工作，放弃其他的事情，专搞一行，这样就会每种东西都生产得又多又好"。[2]

他从劳动和社会分工思想出发，努力构建一个和谐的理想国。他把全体人民分成三等级，一等是治国者，地位最高，通常是由品德高尚，具有智慧，精通哲学的哲学王担任；二等是武士，负责保卫领土，维护安全；三等是劳动者，他们文化程度低，没有接受美德教育与熏陶，因此生性顽劣，地位也最低下，负责劳动工作，为治国者和武士提供物质生产资料。在这样的等级划分和劳动分工中，柏拉图认为治国者治国，劳动者劳动，这是由天赋所决定的，劳动者缺乏知识，生性粗暴，不能参与到社会国家

---

[1] 色诺芬. 经济论雅典的收入[M]. 张伯健，陆大年，译. 北京：商务印书馆，2011：26.

[2] 柏拉图. 理想国[M]. 郭斌和，张竹明，译. 北京：商务印书馆，1986：155.

的治理当中，只能从事卑微的劳动工作，因此，劳动者也理所当然地被厌弃，一切劳动活动也被轻视。

（四）亚里士多德的劳动思想

亚里士多德的劳动思想与柏拉图基本上保持一致，他将人类的活动划分为三个方面，一是理论，这是追求普遍与永恒的一种纯粹的思辨行为；二是实践，是与国家社会相关的政治行为；三是创制，直接物质资料生产的行为。马克思指出，"整个所谓世界历史不外是人通过人的劳动而诞生的过程，是自然界对人来说的生成过程"。[1]亚里士多德的观点与马克思相反，他认为创制是由无知贫穷的奴隶来承担的，是奴隶主强加给奴隶的，被迫进行的物质资料生产的行为，所以是最低级的，而理论与实践的目的不是为了满足奴隶主的需要，是一种追求与思考。亚里士多德指出"只有生活必需品全部齐备之后，人们为了娱乐消遣才开始进行这样的思考。"[2]显然，他认为劳动是"贱民"奴隶进行物质资料生产的粗鄙活动，目的是为供养从事哲学思考、保卫国家等"高贵"的公民，奴隶就是生产工具，通过劳动为贵族提供物质资料。

二、古典政治经济学对劳动的价值阐述

14—15世纪，一些欧洲国家的商品贸易特别是海上贸易开始蓬勃发展，为了获取丰厚的利益，占有广阔的贸易市场，很多国家钻研造船技术，发展军事武器，走上了殖民扩张的道路。自此，以约翰·海尔斯（John Hales）、威廉·斯塔福（William Stafford）和法国的安东尼·德·蒙克列钦（Antoine de Montchretien）等经济学家所主张的重商主义成为欧洲主流的经济支撑。而对马克思的劳动思想产生重大影响的古典政治经济学正是在批判重商主义的过程中逐步产生的。从最初古典政治经济学的先行者威廉·配第，到发现"看不见的手"的亚当·斯密，再到该理论体系的集大成者大卫·李嘉图，古典政治经济学派所代表的劳动价值

---

[1] 马克思,恩格斯. 马克思恩格斯文集：第1卷[M]. 中共中央马克思恩格斯列宁斯大林著作编译局, 编译. 北京：人民出版社, 2009: 196.

[2] 亚里士多德. 形而上学[M]. 廖申白, 译. 北京：中国人民大学出版社, 2003: 5.

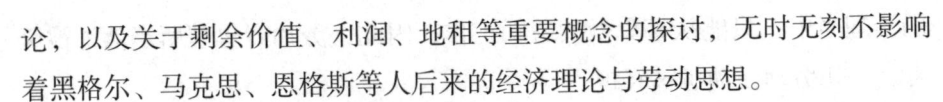

论，以及关于剩余价值、利润、地租等重要概念的探讨，无时无刻不影响着黑格尔、马克思、恩格斯等人后来的经济理论与劳动思想。

（一）威廉·配第的劳动思想

在经济学史上，重商主义者认为货币是财富的源泉，劳动者只不过是创造财富的可有可无的工具，被称为"古典政治经济学之父"的威廉·配第，纠正了重商主义的观点，提出劳动创造价值的理论，他在《赋税论》中提出了"土地是财富之母，劳动是财富之父，劳动是创造财富的能动的要素。"[1]从中可以看出，配第认为土地与劳动同等重要，但土地离不开劳动，一旦离开劳动，土地便会荒芜贫瘠，因此，劳动是比土地更重要的财富之源。另外，配第提出为了增加劳动人手，一方面鼓励生育，另一方面国家可以取缔对罪犯的肉体处罚，而是对罪犯进行劳动的处罚，即让罪犯从事那些肮脏且无人愿意从事的体力劳动，如果这样"对于社会来说，就等于增加了劳动人手。"[2]同时，配第还将劳动时间区分为必要劳动时间和剩余劳动时间，这为马克思的剩余价值理论提供了理论基础。但是配第认为土地与劳动同样创造价值，这便与他的劳动价值论相矛盾，而且他未能将劳动区分为具体劳动和抽象劳动，也未能说明价值的真正来源。但是他第一次探讨了政治经济学方法问题，并试图将政治经济学从其他学科中分离出来，认识了经济现象的本质，因此，马克思赞誉配第为"最有天才的和最有创见的经济研究家"。[3]

（二）亚当·斯密的劳动思想

亚当·斯密通过研究资本主义的经济发展规律，对配第的思想进行扬弃，提出了系统的古典政治经济学理论体系，马克思指出，"在亚当·斯密那里，政治经济学已发展为某种整体，它所包括的范围在一定程度上已

---

[1] 威廉·配第. 赋税论[M]. 邱霞，原磊，译. 北京：华夏出版社，2013：97.
[2] 威廉·配第. 赋税论[M]. 邱霞，原磊，译. 北京：华夏出版社，2013：98.
[3] 马克思，恩格斯. 马克思恩格斯文集（第9卷）[M]. 中共中央马克思恩格斯列宁斯大林著作编译局，编译. 北京：人民出版社，2009：246.

经形成。"①他的这一理论体系是以劳动分工为基础的,他通过对劳动分工进行论述,将研究重点转向流通领域。他认为劳动分工是人与人之间"互通有无、物物交换、相互交易"。②意识逐渐增长的成果,是社会发展推动的,深化了对劳动分工的认识,提出了一般劳动的概念,从而用经济学的理论论证了劳动是人们物质生活中的最基本形式。在此基础上,斯密从分工出发研究价值,在资本主义社会,由于分工协作的存在,人与人之间必然要进行交换,因此劳动生产出的产品,其拥有者也就拥有着交换其他产品的能力,即获得了其交换价值。斯密认为,商业社会是以不同商品生产者之间的经济关系为基础的,商品之所以能相互交换,因为商品是社会劳动生产出来的产品,所以斯密认为劳动就是价值的源泉。

另外,斯密还认为社会财富的来源是国家的生产部门,而不是农业部门或商业部门,同时,他概括出各行各业劳动者的劳动共性就是抽象的一般的人类劳动,抽象劳动是衡量商品价值的尺度,抽象劳动的多少决定着商品价值的大小。在发现价值源泉的同时,斯密还总结了简单劳动与复杂劳动的区别,认为复杂劳动就是简单劳动的叠加,因此商品的价值还与劳动时间有定量关系。

(三)大卫·李嘉图的劳动思想

在劳动价值问题上,大卫·李嘉图对前人的思想进行了继承和发展,成为古典政治经济学的集大成者,马克思曾评价他说"李嘉图的学说严谨地总结了作为现代资产阶级典型的整个英国资产阶级的观点。"③在他的经典著作《政治经济学及赋税原理》中,他对斯密的思想进行了扬弃,进一步论证了劳动中所耗费的时间与商品价值之间的关系。在使用价值与交换价值的关系问题上,大卫·李嘉图与斯密的观点截然相反,斯密认为具有较大使用价值的物品其交换价值就小,而大卫·李嘉图认为使用价值只是

---

① 马克思,恩格斯. 马克思恩格斯全集(第26卷)[M]. 中共中央马克思恩格斯列宁斯大林著作编译局,编译. 北京:人民出版社,1973:181.
② 亚当·斯密. 国民财富的性质和原因的研究(上卷)[M]. 郭大力等,译. 北京:商务印书馆,1972:8.
③ 马克思,恩格斯. 马克思恩格斯全集(第4卷)[M]. 中共中央马克思恩格斯列宁斯大林著作编译局,编译. 北京:人民出版社,1958:89.

交换价值的基础，没有使用价值则没有交换价值，他指出"商品的交换价值，即决定这一商品交换另一商品时所应付出的数量尺度……几乎完全取决于各商品所费的相对劳动量。"[①]他把商品的价值还原为生产商品中所付出的劳动，商品生产中所耗费的劳动量决定商品的价值量，也决定了商品的交换价值，这些思想为马克思主义劳动价值论奠定了理论基础，马克思正是在该观点的基础上，建立了他的劳动思想。

从配第到李嘉图的古典政治经济学，从抽象到具体，延伸了人们对劳动思想的认知，但由于古典政治经济学派固执地将资本主义下产生的经济关系当作一成不变的经济规律，极力掩盖阶级压迫与斗争的事实，因此他们的理论具有极大的片面性与狭隘性，他们服务的对象仅仅是资产阶级。但是他们对劳动价值、利润以及社会总生产的阐述，对马克思以及后世的经济学研究走向产生了不可忽视的影响。

三、德国古典哲学对劳动的思辨解说

德国古典哲学的诞生是一次哲学史上的飞跃，其伟大之处在于其成功地实现了"认识论转向"，恢复了人的主体性地位，人从此不再是依偎自然、服从自然的弱小群体，而是主宰、征服自然的强大力量。这种"转向"对现当代西方哲学造成了显著的影响，德国古典哲学也因此成为马克思主义哲学的思想源泉之一，其中康德、黑格尔、费尔巴哈等德国古典哲学家对劳动做出的阐述深刻影响了马克思的劳动理论。

（一）康德的劳动思想

作为德国古典哲学的重要代表人物与奠基者，伊曼努尔·康德表现出对"实践"概念的充分重视。在经验论与唯理论就科学知识能否达到普遍性这一问题纷纷陷入困境的时候，康德凭借其"哥白尼式革命"将被颠倒了的知识与对象之间的关系颠倒过来，产生矛盾的原因最终得以浮出水面。在康德的哲学世界中，人始终是中心，而对于人的使命的研究是康德一生中的重要命题。在《纯粹理性批判》中，康德对哲学作出了深刻的

---

① 大卫·李嘉图. 政治经济学及赋税原理[M]. 郭大力, 王亚南, 译. 北京: 商务印书馆, 1962: 9.

定义，他认为哲学"是有关一切知识与人类理性的根本目的之关系的科学。"[1]在对人类理性问题的研究中，实践理性是不可避免的话题，为什么人可以克服感性去按照既定的目的从事实践活动，而动物却无法实现的根本原因，在于人类拥有实践理性，康德详细地将这种实践理性划分为两种，第一种是技术上的实践规则也可以叫作一般实践理性；第二种是纯粹实践理性，也可以叫作"道德实践"。在康德看来，这两种实践有着天壤之别，他认为一般实践理性由于对道德的形而上学原则的模糊，会导致道德的失衡。而作为更高级别的道德实践，从属性看是一种自觉的理性，因此康德仅仅将这种实践视为真正的实践。以理性与道德为尺度对实践进行划分的方式影响了整个德国古典哲学的实践思想，其中对马克思的实践与劳动理论产生了一定的影响。

（二）黑格尔的劳动思想

德国古典哲学的巅峰人物黑格尔在哲学史上有着深远的影响，马克思和恩格斯在青年时期都加入了青年黑格尔派，马克思的唯物辩证法就是对黑格尔辩证法的合理内核的批判的继承和发展，马克思的劳动思想也受到黑格尔关于劳动的论述的影响，他批判了黑格尔的唯心主义和绝对精神，但黑格尔提出的"人是通过劳动而诞生的"思想包含着哲学外衣下的思想精华，黑格尔提出了劳动辩证思想，将劳动提升为主题，并将劳动与人的本质相结合。

黑格尔认为，劳动的目的是为满足主体的需要，而且人的劳动与动物的活动是有区别的，动物的活动只是为满足自身生存需求的本能活动，"需要的目的就是满足主观特殊性，但普遍性就在这种满足跟别人的需要和自由任性的关系中，肯定了自己。"[2]但黑格尔的劳动在存在论上属于精神性劳动的唯心主义性质。而劳动的精神是指人借助工具的劳动不是动物的本能和自然的直接性，而是一种"理性活动"，是一种"精神的方式"，是人的理性和精神的构成性活动。[3]同时，他抓住了劳动的本质，

---

[1] 康德. 纯粹理性批判[M]. 邓晓芒, 译. 北京: 人民出版社, 2004: 867.
[2] 黑格尔. 法哲学原理[M]. 范扬, 张企泰, 译. 北京: 商务印书馆, 2017: 232.
[3] 丁立群. 劳动之成为实践: 历史嬗变及其意义[J]. 中国社会科学, 2023: 106-121.

把对象性的人、现实的因而是真正的人理解为人自己的劳动的结果。①劳动是联系人与世界的中介环节，人通过劳动创造物质资料，又改造物质世界，这是人类发展最根本的途径。黑格尔对劳动给予了很高的评价："劳动陶冶事物……对象的否定关系成为对象的形式并且成为一种有持久性的东西。"②黑格尔多次强调"每个人的劳动既是对个体需要的满足，同时也是对他人需要的一个满足，个别的人在他的个别的劳动里本就不自觉地或无意识地在完成着一种普遍的劳动"。③但黑格尔认为的劳动是脱离了物质世界，存在于精神领域的劳动，是精神主动、自觉客体化的产物。马克思指出"黑格尔只知道并承认一种劳动，即抽象的精神的劳动。"④

另外，黑格尔还论述了劳动分工与劳动的异化，他提出了市民社会中个人通过"同他人的关系"的中介来实现自身的原则，这一原则的实现就是要进行分工。人的需要不断增加，需要的满足则更加抽象扩大，因此必然导致劳动分工，分工一方面导致劳动技能革新，另一方面机器的出现导致人的劳动的机械化，进而导致劳动的异化。黑格尔认为机器的出现切断了人与自然之间的有生命的联系，劳动越是用机器进行越没有价值。当劳动不再服务于个体直接需要的时候，劳动就变成"抽象普遍的劳动。"黑格尔将劳动与人的自我意识相联系，赋予劳动社会的价值，但却没有发现现实世界中的人所从事的劳动的具体意义，并最终使得其跌入思辨唯心主义的泥沼之中。

（三）费尔巴哈的劳动思想

黑格尔认为自我意识是人的一切精神活动的最高抽象，而费尔巴哈反对黑格尔的这一唯心思想，他认为人的自我意识是感性的人的属性，是真正存在的，他指出"黑格尔哲学是神学最后的避难所和最后的理性的支

---

① 马克思,恩格斯. 马克思恩格斯文集（第1卷）[M]. 中共中央马克思恩格斯列宁斯大林著作编译局,编译. 北京：人民出版社,2009：205.
② 黑格尔. 精神现象学：上卷[M]. 贺麟,王玖兴,译. 上海：人民出版社,2013：189.
③ 黑格尔. 精神现象学：上卷[M]. 邓晓芒,译. 北京：人民出版社,2017：115.
④ 马克思,恩格斯. 马克思恩格斯文集（第1卷）[M]. 中共中央马克思恩格斯列宁斯大林著作编译局,编译. 北京：人民出版社,2009：205.

柱。"①他在此基础上对宗教神学进行了批判，认为宗教的世界就是世俗的世界，宗教的本质就是人的本质，只是人将自己的本质对象化为宗教的神，这是人的本质的异化。费尔巴哈还强调了自然科学的重要性，以及人本主义的交往观，他意识到唯心主义忽视了人的本质，主张从实际去研究万物的本质，捍卫了唯物主义的地位。

费尔巴哈提出实践是人的感性的活动，指出实践与人的生活实际之间有着联系，也承认实践是客观的，物质的。但他认为知识是源于人对客观事物的反映，人只能通过感性活动去认识事物，人的实践活动也就是简单的器官活动，最终费尔巴哈只是以直观的形式去理解实践活动，没有认识到人的实践活动的能动性，没有认识到人的实践活动的社会历史性，没有把人与动物的活动区别开来。因此，费尔巴哈把感性的人理解为对象性的人，人只是"感性对象"，上帝是人们头脑中虚构的形象，他用"对象化"和"异化"来表达人将自己的本质转移到对象之中的观点。马克思说道："从前的一切唯物主义（包括费尔巴哈的唯物主义）的主要缺点是：对对象、现实、感性，只是从客体的或者直观的形式去理解，而不是把它们当作感性的人的活动，当作实践去理解"，②不是从主体方面去理解，因此费尔巴哈没有认识到实践的基础作用和价值，没有找到解放人类的道路，没有发现解放人类的物质力量。

虽然费尔巴哈没有对劳动进行专门的论述，但他对宗教神学的批判，对自然科学重要性的强调以及其人的本质的分析为马克思的劳动思想提供了思想源泉。马克思的"异化劳动"的思想是在对费尔巴哈异化思想批判和改造的基础上形成的。

德国古典哲学中的劳动思想是马克思劳动思想的主要理论来源，马克思对德国古典哲学中蕴含的宝贵劳动思想十分重视，从康德划分的"实践"到黑格尔绝对精神的运动再到费尔巴哈的异化思想，这些思想影响了

---

① 路德维希·费尔巴哈.费尔巴哈哲学著作选集：上卷[M].荣震华，李金山，译.北京：商务印书馆，1984：115.
② 马克思，恩格斯.马克思恩格斯文集（第1卷）[M].中共中央马克思恩格斯列宁斯大林著作编译局，编译.北京：人民出版社，2009：499.

马克思一生的思考与著述，只有深刻把握、挖掘德国古典哲学遗产中的劳动思想，才能还原马克思劳动思想的真实灵魂。

四、空想社会主义对劳动的公平探索

16世纪到19世纪的三四十年代，欧洲资本主义经济与社会关系在持续发展的过程中，其不可避免的社会性矛盾以及与之带来的环境污染、经济危机、贫富差距等问题也与之相伴而来。在这样的背景下，包括莫尔、摩莱里、在内的一批空想社会主义者开始向上述情况发起斗争。直到19世纪以圣西门、傅立叶、欧文为代表的空想社会主义者开始将其理论应用于实践，并对未来的理想社会提出了很多天才妙想，也被誉为马克思、恩格斯创立的科学社会主义体系的直接理论来源。

（一）托马斯·莫尔的劳动思想

托马斯·莫尔在《乌托邦》一书中，认为劳动制度是国家制度的基础，人人享有劳动的权利，强调建立公有制，蕴含着劳动解放思想。

莫尔认为劳动不分性别，人人要参与劳动，他指出"每个人除我所说的都要务农外，还得自己各学一项专门手艺。"[①]认为劳动是每个人的基本活动，是无差别的人类活动。同时每个人都要加强劳动技能的学习，掌握相应的知识从而更好地进行劳动活动，另外，莫尔认为农业和手工业是每个人应该从事的行业，只要达到一定的年龄无论男女都可以从事。

莫尔还提出要实施生产资料公有制，在公有制的规划下，劳动活动按照计划进行，劳动成果全民共享，劳动产品按需分配，他指出"每一户的户主来到仓库觅取他自己以及他的家人所需要的物资"。[②]劳动资料和劳动对象大家共同所有，劳动者的劳动也属于全体人公有，因此应实行按需分配的分配制度。

（二）圣西门的劳动思想

圣西门是法国杰出的空想社会主义者，他认为人文科学也具有科学

---

① 托马斯·莫尔.乌托邦[M].戴镏龄,译.北京:商务印书馆,2017: 55.
② 托马斯·莫尔.乌托邦[M].戴镏龄,译.北京:商务印书馆,2017: 61.

规律，也应纳入科学行列，因此在他的思想中包含着唯物史观的种子。他明确指出资本主义私有制的意识形态是利己主义思想，会引起社会的矛盾和导致社会的分裂，他参与了法国大革命，盛赞革命敢于摧毁腐朽制度，但革命却不彻底，新的统治机构只是通过"新封建制度"来统治国家。因此，圣西门主张建立实业制度进行改革。

他认为实业家是"既从事生产或向各种社会成员提供一种或数种物质财富以满足他们的需要或生活爱好的人。"①生产出满足一切社会成员需要的物质资料，实业家要掌握物质资料，拥有管理社会的权利，因此，要将治理国家的权力由过去不劳而获的贵族、僧侣、政客转让给辛苦劳作的农民、商人、工人等，国家成为服务生产的组织。这样通过实业制度的和平方式获得王权的支持，提出人人参与劳动，无论出身贵贱，社会中的任何一个公民都有贡献自己力量为国家创造更多财富的义务，按照计划进行劳动生产，按照才能和贡献的多少进行分配，克服平均主义。

圣西门批判资本主义的同时，认为私有利益与公共利益之间的共同点能促进社会进步，"私人的利益是推动公共利益的唯一原因，而困难之处也就在于寻找私人利益同公共利益的一致"。②因此实业家和政府应调节好个人与集体的利益的平衡，每个人都参与劳动，劳有所得，劳动成果全体社会成员按需分配。

（三）傅立叶的劳动思想

傅立叶出身于贵族，但为了贫苦百姓的利益，他放弃了巨额遗产，成为为无产者谋福利的空想社会主义者。他对英国和法国工人的工作环境进行了考察，发现他们为了获得仅能维持温饱的薪水，不得不在臭气熏天的恶劣环境下工作长达16小时，而资本家们则是花天酒地，形成了鲜明的对比，他质问"难道生产仅仅就是为了让那些所谓的具有优越感的天之骄子们发财，而让其他的劳动者们都陷入到贫困之中吗？"③因此，他对资本主义制度进行了批判，揭露了其剥削的种种丑陋现象，认为导致这一现象

---

① 昂利·圣西门. 圣西门选集（第1卷）[M]. 王燕生等, 译. 北京：商务印书馆, 1985: 128.
② 昂利·圣西门. 圣西门选集（第2卷）[M]. 董果良等, 译. 北京：商务印书馆, 1982: 97.
③ 傅里叶. 傅里叶选集（第1卷）[M]. 赵俊欣, 译. 北京：商务印书馆, 1979: 94.

的原因在于劳动的不协调和生产的分散,据此并设想了他心目中的理想社会制度,设计了利于生产的"法郎吉"的协作制度。

傅立叶认为劳动是人类最基础的活动,通过劳动能积累财富,能满足人类情欲,是每个人天生的需要和爱好,但旧式分工下的劳动是劳动者为生存和养家糊口不得不进行的活动,甚至变成了有损劳动者身心健康,不利于劳动者发展的活动。因此,需要通过建立和谐社会,实行法郎吉改变这种情况,每个人可以根据自己的兴趣和爱好加入不同的法郎吉,这样劳动就成了"最主要的天赋人权",成了每个人的自然权利,劳动者在工作中感受到的就不是压抑而是幸福,在这样的情况下,劳动就成了人们自由自觉地和生命情欲融为一体的享乐活动,从而能提高人们的劳动热情,激发人们的劳动积极性,创造出更大的物质财富和精神财富。

傅立叶的劳动思想非常丰富,带有明显的社会主义色彩,虽然他的这些设想和尝试没有成功地付诸实践,但是其天才般的思想为未来的工人运动以及科学社会主义的产生和发展提供了理论来源。

(四)欧文的劳动思想

19世纪,英国的空想社会主义者罗伯特·欧文是一位伟大的慈善家和实业家,还被誉为现代人事管理之父。他十分关心社会底层的劳动者和儿童,"为劳动阶级提供时间和条件,使他们受到充分的教育,从而很快地消除社会上的贫穷与愚昧现象"[1],由于他当时的企业中存在很多童工,所以他就采取教育和生产劳动相结合的方式对他们进行教育。他在批判资本主义制度下种种惨绝人寰的剥削现象的同时,亲身参与了社会主义的实践改革,并尝试建立"福利工厂""共产主义新村"等社会福利性组织。他指出"私有财产过去和现在都是人们所犯的无数罪行和所遭受的无数灾祸的根源。"[2]他认为资本主义剥削的原因在于资本家占有了劳动者创造的财富,因此,他主张建立一个没有剥削与压迫,人人皆为劳动者的"合作公社",这个合作公社是由农、工、商、学结合起来的大家庭,没有阶级压

---

[1] 王野. 劳动教育的思想基础及现实问题的解决对策研究[D]. 大连:东北财经大学,2022:21.
[2] 罗伯特·欧文. 欧文选集(第2卷)[M]. 柯象峰,译. 北京:商务印书馆,1998:11.

迫和剥削，它的生产目的不再是为了资本家的利润，而是为了满足全体成员的物质和文化的需要，所有产品由劳动者共同协作生产，所有劳动产品也作为全社会的公共财产进行平均分配。

另外，欧文还提出了全民就业的计划，他认为，在未来的公社里，应以生产资料公有制为基础实行有计划的集体生产和义务劳动，"每个人从出生到死亡，一生中的生活、劳动都由公社安排。公社里没有失业者，没有游手好闲的人，各种年龄的人和具有各种特长的人都被分配给同年龄和特长相适应的工作。"[①]

他预言，在未来公社里通过这种制度下的劳动，每平方公里可以使五百人丰衣足食，甚至可以养活一两千人。欧文这一天才般带有消灭工农差别、城乡差别的思想后来为马克思、恩格斯的劳动思想提供了丰富的滋养。

作为批判、质疑资本主义的主要理论力量，空想社会主义学者始终是无产阶级利益的代表，他们对资本主义的批判包含着很多击中要害的见解，对劳动的描述也是从人道主义出发，坚决捍卫劳动者的权利。但是，空想社会主义预见了资本主义的灭亡，却没有找到埋葬资本主义的主要力量，其理论带有不切实际的色彩。

第二节　马克思主义劳动教育

20世纪初期，封建主义的劳动思想甚嚣尘上，袁世凯为恢复帝制宣扬孔孟之道，把体力劳动者认为是下人、小人，以劳动分工划分社会阶级；康有为也鼓吹"孔教、复辟救国"的言论，认为脑力劳动地位高于体力劳动，对体力劳动者存在着严重偏见，这样的思想束缚了人们的精神世界。孙中山提出的三民主义中提倡"民生"思想，但未能彻底地反帝反封建，未能进行土地革命，未能让人民获得土地，最终未能实现救亡图存，也未能改变带有封建主义色彩的劳动思想。

---

① 刘文.空想社会主义法学思潮[M].北京：法律出版社，2006：155.

十月革命的胜利后，中国爆发了五四运动，使得马克思主义快速传播，人们开始探索中国的未来，陈独秀、李大钊等人积极传播马克思主义，中国也开始在理论和实践中以马克思主义作为指导思想，并且实现了马克思主义与中国优秀传统文化的结合，这也加速了马克思主义中国化、本土化的进程。马克思列宁主义劳动思想及劳动教育思想也得以在中国传播，并影响着中国的劳动教育思想。

马克思和恩格斯对劳动的论述是其劳动教育思想的理论基础，他们提出劳动是人的本质的基本观点，劳动是人与动物的区别之一，也是人得以进化的关键环节，在《1844年经济学哲学手稿》《神圣家族》《德意志意识形态》《劳动从猿到人转变过程中的作用》等多部著作与文章中都强调了劳动的重要性，也为其劳动教育思想的形成奠定了基础。

一、马克思劳动教育思想

（一）劳动创造历史是唯物史观的基本内容

劳动是马克思主义的基本观点，劳动创造价值，劳动造就人类，劳动推动了人类社会历史的发展，马克思深化对劳动的理解，高度赞扬劳动和劳动者，并指出正是因为劳动才使得人类得以进化，从动物界中分离出来，"整个所谓世界历史不外是人通过人的劳动而诞生的过程。"[1]劳动是人类所从事的基本活动，是人类社会从自然界分化的绝对性环节，也是联系人与自然的纽带，通过劳动人类才能创造生产资料，形成了人与自然的关系，即生产力，同时还形成了人与社会的关系，即生产关系。生产力与生产关系的矛盾运动推动了社会的发展，推动了人类社会的进步，因此，马克思主义唯物史观认为，人类社会发展史就是一部人类劳动史，劳动创造历史，习近平指出，"人类是劳动创造的，社会是劳动创造的。"[2]进一步发展了马克思主义劳动观，强调了劳动在社会历史进程中的意义，同时提出中华民族的悠久历史和灿烂文化是广大人民群众创造出来的，是广大

---

[1] 马克思,恩格斯.马克思恩格斯文集(第1卷)[M].中共中央马克思恩格斯列宁斯大林著作编译局,编译.北京：人民出版社,2009: 196.

[2] 习近平.在知识分子、劳动模范、青年代表座谈会上的讲话[N].人民日报,2016-04-30(02).

劳动者创造出来的，中华民族的未来也要依靠人民的劳动去创造。习近平指出："正是因为劳动创造，我们拥有了历史的辉煌；也正是因为劳动创造，我们拥有了今天的成就。"①

在《哥达纲领批判》中，马克思指出"劳动是生活的第一需要"，在社会主义阶段，劳动仍然是人们谋生的手段，尤其是大多数底层劳动者，劳动仍然是个人生存和发展的主要方式和途径，只有解决了基本的生活物质需求，才能提出更高的享受性需求。马克思明确表明，"思想一旦离开利益，就一定会使自己出丑。"②在人类社会中应该有合理的利益分配机制，否则就会弥漫好逸恶劳的不良风气，社会主义"多劳多得、少劳少得、不劳不得"的理念也难以贯彻，这不利于社会的和谐，不利于人类文明的进步，不利于历史的发展。

人类诞生以来，劳动始终是人类社会持久关注和探索的焦点，在劳动领域，通过公平合理的收入分配方式，使劳动者获得既得利益，让劳动者满足生存的需求，满足家庭的生活需要，劳动者的劳动付出得到回报，心理和精神层面也会得到满足，产生获得感和满足感，进而激发劳动者参与劳动的欲求，愿意进行体面的劳动。久而久之，劳动者对自身劳动地位和条件的关注也日渐明显。因此，尊重劳动和热爱劳动是马克思主义劳动思想的基本观点，马克思也将劳动放在了其理论体系的主要位置，阿伦特曾指出，"马克思学说真正反传统的倒是一个未曾有的侧面，那就是对劳动的赞美。"③马克思强调劳动的重要性，极力推崇劳动，诠释了劳动的价值所在。

（二）异化劳动理论是马克思劳动观的形态

异化的范畴源于黑格尔，他赋予"异化"一种主客体对抗性特质，④

---

① 习近平在庆祝"五一"国际劳动节暨全国劳动模范和先进工作者大会上的讲话[N].人民日报，2015-04-29.
② 马克思，恩格斯.马克思恩格斯文集（第1卷）[M].中共中央马克思恩格斯列宁斯大林著作编译局，编译.北京：人民出版社，2009：286.
③ 阿伦特.马克思与西方政治思想传统[M].孙传钊，译.南京：江苏人民出版社，2007：12.
④ 涂良川，陈大青.马克思异化劳动理论的思想来源及其超越性——以卢梭、斯密、黑格尔和费尔巴哈为参照条的考查[J].学术研究，2021（11）：9.

在《自然哲学》中提出"精神异化论",他过于强调人的意识,而忽视了意识的物质根源,对人的本质的认识仅仅停留于意识层面。但他认为通过劳动可以直观到自己的本质,"正是在劳动里(虽说在劳动里似乎仅仅体现异己者的意向),奴隶通过自己再重新发现自己的过程,才意识到他自己固有的意向。"[1]对于此,马克思指出,"黑格尔把人的自我产生看做一个过程,把对象化看做非对象化,看做外化和这种外化的扬弃;可见,他抓住了劳动的本质,把对象性的人、现实的因而是真正的人理解为人自己的劳动的结果。"[2]马克思肯定了黑格尔将劳动与异化结合进而揭示了人的自我生产过程,这一过程所内蕴的"辩证法的积极的环节"[3],深深地印痕在马克思的思想体系之中。但是,黑格尔的劳动是"抽象的精神的劳动"[4],即纯哲学思维活动。

费尔巴哈从唯物主义出发,提出了与黑格尔截然不同的异化理论,他批判宗教和黑格尔离开了人的"自我意识",认为人是自我意识的物质依托,提出"主体在人","主体必然与其发生本质关系的那个对象,不外是这个主体固有而又客观的本质。"[5]在费尔巴哈看来,和主体本质相关的那个对象是主体固有而客观的本质,既然主体的本质可以理解为一个对象的对象,那么对象的本质也可以理解为人自身的本质。因此,他认为人是最本质的存在,研究事物的前提是"对人的研究",并要将人与社会相联系进行研究,但他认为的人是脱离具体的社会历史条件的抽象的人,没有深入研究具体的人。所以他的异化观并不彻底,进而导致了唯心史观。

马克思在两人异化理论的基础上,研究了资本主义剥削的现实,指出资本主义制度下两极分化的实际,分析了资本主义社会存在的异化现象,

---

[1] 黑格尔. 精神现象学[M]. 贺麟, 王玖兴, 译. 北京: 商务印书馆, 1979: 131.
[2] 马克思, 恩格斯. 马克思恩格斯文集(第1卷)[M]. 中共中央马克思恩格斯列宁斯大林著作编译局, 编译. 北京: 人民出版社, 2009: 205.
[3] 马克思, 恩格斯. 马克思恩格斯文集(第1卷)[M]. 中共中央马克思恩格斯列宁斯大林著作编译局, 编译. 北京: 人民出版社, 2009: 216.
[4] 马克思, 恩格斯. 马克思恩格斯文集(第1卷)[M]. 中共中央马克思恩格斯列宁斯大林著作编译局, 编译. 北京: 人民出版社, 2009: 205.
[5] 费尔巴哈. 费尔巴哈哲学著作选集(上卷)[M]. 荣震华, 李金山, 译. 北京: 商务印书馆, 1984: 29.

他描绘当时的社会场景是"一方面，产生了以往历史上任何一个时代都不能想象的工业和科学的力量；而另一方面却显露出衰颓的征兆，这种衰颓远远超过罗马帝国末期那一切载诸史册的可怕情景"①。在这样的背景下，马克思创造性地将异化和劳动相结合，认为劳动已不再是真正意义上的能够充分反映劳动者观点、意识的，自由自觉的劳动生产活动，而是变成了异化劳动，从而实现了从"精神异化"向"劳动异化"的转变。

异化劳动的提出揭开了资本主义生产的剥削本质。因此，要消灭剥削，就要消灭异化劳动，就必须"在历史唯物主义与革命相统一的意义上"②消灭私有财产，实现对私有财产积极扬弃的共产主义。

（三）马克思劳动教育思想的内容

马克思在批判异化劳动的基础上，提出了劳动教育思想，认为劳动是人有意识的创造性的实践活动，人类历史的发展离不开劳动，劳动是理解唯物史观的一把钥匙，劳动范畴是历史唯物主义的"活的灵魂"，马克思劳动教育的内容非常丰富。

1. 劳动是人特有的创造性活动

在猿向人的转变过程中，以完善双手和解放双手为标志，劳动使得双手得以解放，劳动也得以使用双手制造工具。劳动一方面实现了猿到人的躯体的变化，另一方面实现了人通过劳动对自然的支配，劳动推动了人类的发展。

作为"有生命的类"的人，与动物有了明确的界限，"有意识的生命活动把人同动物的生命活动直接区别开来"③。人意识到自己是有意识的生命，使得人与动物区别开来。马克思指出，人类的本能与动物的本能有着不同，人类获取物质生活资料的本能活动是"被意识到了的本能"。获取生活资料的活动就是劳动，在人类有了意识后，劳动也就具备了创造性的

---

① 马克思,恩格斯. 马克思恩格斯文集(第2卷)[M]. 中共中央马克思恩格斯列宁斯大林著作编译局,编译. 北京: 人民出版社, 2009: 579-580.

② 涂良川. 马克思历史唯物主义的双重特质与革命的两重向度[J]. 理论月刊, 2012(11): 11-15.

③ 马克思,恩格斯. 马克思恩格斯文集(第1卷)[M]. 中共中央马克思恩格斯列宁斯大林著作编译局,编译. 北京: 人民出版社, 2009: 162.

特点,这一有意识的创造性劳动也彻底划清了人与动物的界限。

2.劳动创造了历史

原始社会时期,人类便具有了财富意识,但当时生产力水平较低,财富种类较少,只是野果猎物等用以果腹的物品,随着生产力的发展,奴隶、土地、农业生产技术、农产品、贵重金属等慢慢都被纳入财富的范围。到了资本主义社会,财富的范围日益扩大,古典政治经济学代表亚当斯·密提出"劳动价值论",认为劳动创造了财富,马克思继承了这一观点,并在此理论上对其进行了丰富。

马克思认为:"资本主义生产方式占统治地位的社会财富,表现为'庞大的商品堆积',单个的商品表现为这种财富的元素形式。"[①]马克思指出商品是财富的一种元素,商品是财富存在的形式之一,"不论财富的社会形式如何,使用价值总是构成财富的物质内容。"[②]商品是用以交换的劳动产品,商品的价值是抽象劳动形成的,是一般人类劳动的凝结。通过劳动,劳动者创造了商品,创造了财富,创造了人们能够享受物质生活和精神生活的基础。所以,劳动不断创造着物质财富和精神财富,财富的不断积累,才能推动历史的发展。

劳动对社会历史的发展有着重要价值,它为历史的发展提供了能源与动力。马克思曾指出:"任何一个民族,如果停止劳动,不用说一年,就是几个星期,也要灭亡。"因此,劳动一旦停止,个人无法生存,社会也不能发展。

3.劳动促使人的全面发展

人的全面发展离不开劳动,只有不断劳动,只有对广大人民群众进行劳动教育,才能实现人的全面发展。马克思认为劳动教育"就是生产劳动同智育和体育相结合,它不仅是提高社会生产的一种方法,而且是造就全

[①] 马克思,恩格斯. 马克思恩格斯全集(第23卷)[M]. 中共中央马克思恩格斯列宁斯大林著作编译局,编译. 北京:人民出版社,1972:47.

[②] 马克思,恩格斯. 马克思恩格斯全集(第23卷)[M]. 中共中央马克思恩格斯列宁斯大林著作编译局,编译. 北京:人民出版社,1972:48.

面发展的人的唯一方法。"①马克思认为劳动教育对于人的全面发展至关重要。在前资本主义社会，劳动被人们以正面形象接受，认为劳动能提高人的素质，能陶冶人的情操，能将社会发展至理想状态。但到了资本主义社会，劳动被异化，包括四种情形：劳动者和自己的劳动产品相异化、劳动者和自己的劳动活动相异化、劳动者和自己的类本质相异化、人和人之间的关系相异化，劳动的优越性被异化劳动所泯灭，人类的快乐与进步被异化劳动所压抑，劳动也失去了原有的价值。因此，只有推翻私有制等不合理因素，摆脱异化劳动，走向积极劳动和自主劳动，劳动价值才能恢复，才能推动生产力的发展，才能实现人的全面发展。习近平总书记曾指出，"必须牢固树立劳动最光荣、劳动最崇高、劳动最伟大、劳动最美丽的观念，让全体人民进一步焕发劳动热情、释放创造潜能，通过劳动创造更加美好的生活。"②只有恢复了劳动的本来模样，人们才能在劳动中彰显个人的品格和能力，人们才能在劳动中感受到快乐和享受，人们才能使自身的能力得到提升，从而实现人的全面发展。

4. 人民群众是历史的创造者

人民性始终是马克思主义劳动观最鲜明的品格。对于劳动，劳动过程中"劳动资料和劳动对象二者表现为生产资料，劳动本身则表现为生产劳动"③，呈现出的是"物质生产领域生产的物质产品"，体现了生产劳动的物质性。从人与人之间的经济关系角度来看，"使资本增值价值的劳动是生产劳动"④，呈现出的是生产劳动始终建立于人的经济关系之上，具备社会性。劳动本身具备的生产物质性与社会性始终蕴含着人民性这一重要特征，马克思和恩格斯对人类历史的解释就建立于劳动与现实的人之上。历

---

① 马克思,恩格斯. 马克思恩格斯文集(第5卷)[M]. 中共中央马克思恩格斯列宁斯大林著作编译局,编译. 北京：人民出版社, 2009: 557.
② 习近平在同全国劳动模范代表座谈时的谈话[N]. 人民日报, 2013-04-29.
③ 马克思,恩格斯. 马克思恩格斯文集(第5卷)[M]. 中共中央马克思恩格斯列宁斯大林著作编译局,编译. 北京：人民出版社, 2009: 211.
④ 马克思,恩格斯. 马克思恩格斯文集(第8卷)[M]. 中共中央马克思恩格斯列宁斯大林著作编译局,编译. 北京：人民出版社, 2009: 520.

史以人的生命存在为前提，在劳动中创造物质财富和精神财富，而人则在劳动中结成了复杂的生产关系。由此，马克思在劳动观中反复强调，人民群众才是社会实践的主体，是一切物质财富与精神财富的创造者，是推进历史前进的真正动力。

马克思主义体现了鲜明的人民性。"历史活动是群众的活动，随着历史活动的深入，必将是群众队伍的扩大。"[①]马克思始终站在无产阶级的立场考察历史的运行规律。"群众队伍的扩大"同样是指马克思、恩格斯所阐述的："过去的一切运动都是少数人的，或者为少数人谋利益的运动。无产阶级的运动是绝大多数人的，为绝大多数人谋利益的独立的运动。"[②]在马克思主义理论的指导下，无产阶级革命的目标是打碎"为少数人谋利益"的资产阶级国家机器，实现"为多数人谋利益"即为——以广大工人阶级为代表的无产阶级谋利益。

马克思、恩格斯设想，在未来社会中的生产劳动会给每一个人都提供全面发展和表现自己个性的机会，"生产将以所有的人富裕为目的"。由此，马克思劳动思想的人本性，实证了其内容与形式的契合。作为历史创造主体的人民群众，应当成为自由自觉劳动的主体，成为拥有真正人类幸福的主体，"共同享受大家创造出来的福利"。马克思主义劳动教育的重要教学目标之一在于使受教育者感受到劳动对历史、国家、个人的重要意义。

二、恩格斯劳动教育思想

恩格斯虽然出生于名门望族，但他始终关注着被资本家压迫的工人阶级，为了维护广大劳动者的利益，他提出了很多关于劳动以及劳动教育的论述。在《劳动在从猿到人转变过程中的作用》的文章中，恩格斯指出"劳动"推动了人类大脑与社会意识的形成与完善，使得人可以从动物进

---

① 马克思，恩格斯. 马克思恩格斯文集（第1卷）[M]. 中共中央马克思恩格斯列宁斯大林著作编译局，编译. 北京：人民出版社，2009：287.
② 马克思，恩格斯. 马克思恩格斯文集（第2卷）[M]. 中共中央马克思恩格斯列宁斯大林著作编译局，编译. 北京：人民出版社，2009：42.

化成人类，提出"劳动创造了人本身"的论断，阐明了劳动在从猿到人转变过程中的决定性作用，论证了劳动是人类社会发展的动力。在《反杜林论》中，恩格斯指出："唯物主义历史观从下述原理出发：生产以及随生产而来的产品交换是一切社会制度的基础；在每个历史地出现的社会中，产品分配以及和它相伴随的社会之划分为阶级或等级，是由生产什么、怎样生产以及怎样交换产品来决定的。"[1]说明物质生产的劳动是社会发展的决定性因素。

（一）重视劳动者的主体地位

恩格斯强调劳动从猿到人的转变过程中的作用，强调劳动在人类社会发展过程中的作用，同时还强调劳动者的主体地位。他明确指出"自从阶级产生以来，从来没有过一个时期社会上可以没有劳动阶级。这个阶级的名称、社会地位有过变化，农奴代替了奴隶，后来本身又被自由工人所代替……无论不从事生产的社会上层发生什么变化，没有一个生产者阶级，社会就不能生存。可见，这个阶级在任何情况下都是必要的"。[2]指出劳动者以及劳动阶级是社会发展不可或缺的因素。

在资本主义私有制生产条件下，在资本主义商品生产中，劳动失去了往日的光辉，生产者被产品统治，人们创造历史的过程演化成了被动、消极的过程，沦为动物的生存状态，劳动沦为被迫完成的疲乏的活动，恩格斯对这些不合理的现象进行了分析，对资本主义非人性、非科学的劳动进行了批判，恩格斯说："人们周围的、至今统治着人们的生活条件，现在受人们的支配和控制，人们第一次成为自然界的自觉的和真正的主人，因为他们已经成为自身的社会结合的主人了。"[3]"只是从这时起，人们才完全自觉地自

---

[1] 马克思,恩格斯.马克思恩格斯文集(第9卷)[M].中共中央马克思恩格斯列宁斯大林著作编译局,编译.北京：人民出版社,2009：283-284.

[2] 马克思,恩格斯.马克思恩格斯全集(第25卷)[M].中共中央马克思恩格斯列宁斯大林著作编译局,编译.北京：人民出版社,2001：534.

[3] 马克思,恩格斯.马克思恩格斯全集(第19卷)[M].中共中央马克思恩格斯列宁斯大林著作编译局,编译.北京：人民出版社,1963：245.

己创造自己的历史。"①只有消灭了私有制，消除商品对人的统治，劳动群众才能成为自然和社会的主人，才能有意识地自觉地创造历史。

（二）发扬了劳动价值论

恩格斯对劳动的论述，一方面扩展了马克思的劳动思想，另一方面捍卫和发扬了马克思的劳动价值论。在《反杜林论》中，恩格斯对杜林对马克思劳动价值论的歪曲和攻击，进行有理有据的反驳与批判，对杜林所提出来的把价值与价格混为一谈的观点——"分配价值论""人力的花费论""再生产费用价值论""工资决定价值论"等错误理论观点都进行了一一反驳，捍卫了劳动价值论的尊严。

恩格斯在对杜林一系列错误理论进行批判的同时，提出只有劳动者的劳动才是价值的唯一源泉，并进一步论证了复合劳动能创造更多更高的价值。马克思曾指出："比较复杂的劳动只是自乘的或不如说多倍的简单劳动，因此，少量的复杂劳动等于多量的简单劳动。经验证明，这种简化是经常进行的。"②恩格斯认为在相同时间内，复合劳动能创造出比简单劳动更多或更高的价值。

在马克思去世以后，恩格斯承担了《资本论》第二、三卷的整理和编辑出版工作，写了一系列书评，在书评中，恩格斯阐述了商品理论、劳动价值论、剩余价值论理论的重要历史地位，推动了马克思主义劳动价值论的发展。

另外，恩格斯还揭露了资本家剥削工人的秘密所在，极大地捍卫了马克思劳动价值论的科学性和权威性，而且对一些重要理论问题进行阐发，推动了马克思主义劳动价值论的发展，尤其是劳动始终是价值的唯一源泉，是推动社会进步发展的根本力量等观点，对于驳斥"机器价值论""信息价值论"以及轻视劳动、鄙视劳动等各种错误思想具有重要意义，对于帮助人们树立"劳动最光荣、劳动最崇高、劳动最伟大、劳动最

---

① 马克思,恩格斯. 马克思恩格斯全集（第19卷）[M]. 中共中央马克思恩格斯列宁斯大林著作编译局, 编译. 北京: 人民出版社, 1963: 245.

② 马克思,恩格斯. 马克思恩格斯文集（第5卷）[M]. 中共中央马克思恩格斯列宁斯大林著作编译局, 编译. 北京: 人民出版社, 2009: 58.

美丽"的价值观具有重要的指导意义。

（三）通过劳动教育实现人的自由全面发展

广大劳动群众创造了历史，劳动者创造了巨大的社会财富，劳动成果要让劳动者共享，这样劳动者的主体地位才得以体现，人民才能得到自由全面的发展，而这一目标的实现是以劳动解放和劳动教育为前提的。

但是在资本主义社会，劳动者的劳动的目的是追求利润，而不是为了实现自身的自由全面发展，劳动者成为机器的附庸，沦为了赚钱的工具，劳动成为资本家剥削的手段，劳动被异化，已不是体现人的本质的劳动。在无止境追逐利润最大化目标的驱使下，资本家不惜雇佣童工，降低工资，延长劳动时间，对劳动者进行无情的压榨，只为获取更多的剩余价值。

恩格斯虽然没有提及异化劳动的概念，但他在《英国工人阶级状况》中已充分认识到资本家对无产阶级劳动者劳动的强制性，"强制劳动就是一种最残酷最带侮辱性的折磨。没有什么比必须从早到晚整天做那种自己讨厌的事情更可怕了。工人越是感到自己是人，他就越痛恨自己的工作，因为他感觉到这种工作是被迫的，对他自己来说是没有目的的"。[1]这种强制劳动是与人的自由全面发展相背离的，因此，只有消灭资本主义私有制条件下的异化劳动，才能实现人类解放，使人类社会进入共产主义的自由王国。

要消灭这种异化劳动，就必须要实现劳动的解放，劳动的解放需要以高度发达的生产力为基础，还需要劳动者具有自我解放意识，这就需要进行劳动教育来实现劳动者自我解放意识的觉醒。通过劳动教育，唤醒劳动者的斗志，消灭生产资料私有制，建立公有制，劳动者才能成为生产资料的主人，实现自由解放全面发展。

在《共产主义原理》中，恩格斯指出，随着私有制的废除，取而代之的是新的社会制度，这种制度会使生产得到新的发展，也需要有新的人，

---

[1] 马克思,恩格斯. 马克思恩格斯文集(第1卷)[M]. 中共中央马克思恩格斯列宁斯大林著作编译局,编译. 北京：人民出版社,2009：432.

即"才能得到全面发展、能够通晓整个生产系统的人"。[①]这种人需要通过生产劳动与教育相结合创造出来，恩格斯指出："教育将使年轻人能够很快熟悉整个生产系统，将使他们能够根据社会需要或者他们自己的爱好，轮流从一个生产部门转到另一个生产部门。因此，教育将使他们摆脱现在这种分工给每个人造成的片面性。"[②]在这样的共产主义社会里，劳动者的才能得到充分发挥，人们也才能得到全面发展。

进入新时代，中国共产党高度重视劳动教育，而恩格斯的劳动思想在很大程度上为劳动教育提供了理论基石，对我们当下如何进行好劳动教育以及建设生态中国有很大的启发意义。马克思曾说过"任何一个民族，如果停止劳动，不要说一年，就是几个星期，也要灭亡。"[③]因此，我们可以看到劳动对人类社会的重要性，因此我们要更加深入挖掘恩格斯理论中的劳动思想，实事求是，切实推动中华民族伟大复兴。

三、列宁的劳动教育思想

十月革命胜利后，世界上第一个社会主义国家苏联成功地建立。列宁作为当时的领导人，基于新生的苏维埃经济贫穷落后，基础生产部门比较薄弱，国内局势动荡不安，为了进行苏维埃社会主义建设，他在马克思主义劳动观和劳动教育思想的基础上，鼓励全民劳动，领导人民进行开展共产主义劳动运动，把劳动和劳动教育放在重要的位置，并在长期的理论和实践中形成了劳动教育思想。

（一）劳动的形式

列宁对劳动进行了界定，他认为"共产主义劳动，从比较狭窄和比较严格的意义上说，是一种为社会进行的无报酬的劳动，这种劳动是自愿的

---

① 马克思,恩格斯. 马克思恩格斯文集(第1卷)[M]. 中共中央马克思恩格斯列宁斯大林著作编译局,编译. 北京: 人民出版社, 2009: 689.
② 马克思,恩格斯. 马克思恩格斯文集(第1卷)[M]. 中共中央马克思恩格斯列宁斯大林著作编译局,编译. 北京: 人民出版社, 2009: 689.
③ 马克思,恩格斯. 马克思恩格斯文集(第10卷)[M]. 中共中央马克思恩格斯列宁斯大林著作编译局,编译. 北京: 人民出版社, 2009: 289.

劳动，是无定额的劳动，是不指望报酬、不讲报酬条件的劳动。"①在此基础上，他认为共产主义劳动是自愿性质的，不计报酬的，而且人们能在劳动中感觉到快乐与充实，通过劳动人能得到全面发展。但当时的苏联实际离共产主义还有距离，因此，列宁提出应进行社会主义劳动建设，并提高劳动生产率。在列宁的带领下，开展了多种形式的劳动。

1. 星期六义务劳动

为了提高劳动生产率，开展了星期六义务劳动。早在1919年5月10日，莫斯科—喀山铁路分局的共产党员和劳动群众在星期六这一天进行了一次6小时无报酬的抢修机车的体力劳动。在这之后，义务劳动很快在全国开展起来。列宁指出，"共产主义星期六义务劳动"是在俄共（布）领导下，俄国工人阶级的伟大创造，为广泛开展劳动教育提供了有效的教育方式。它既是人们自愿的、不讲报酬条件的、无定额的劳动，又是"按照为公共利益劳动的习惯、按照必须为公共利益劳动的自觉要求（这已成为习惯）来进行的劳动。"②通过星期六义务劳动的方式，发动全苏联人民参加劳动，提高了劳动生产率，"模范的生产，模范的共产主义星期六义务劳动"③教育人们养成认真负责的劳动态度，为社会、为全体劳动群众无偿地、模范地劳动，真正地按共产主义精神办事，用革命精神从事工作，为战胜资本主义剥削和恢复发展经济起到了积极的促进作用。

2. 劳动竞赛

为了提高劳动积极性，组织了劳动竞赛。这种劳动方式在增加了趣味性的同时提高了劳动生产率，劳动者真正摆脱了强制劳动，改变了异化劳动，使得劳动者在劳动过程中创造财富的同时还愉悦了身心。这种劳动方式根据劳动量和完成的任务多少，对劳动者进行奖励，真正做到了多劳多

---

① 列宁. 列宁选集：第4卷[M]. 中共中央马克思恩格斯列宁斯大林著作编译局, 编译. 北京：人民出版社, 2012: 130.
② 列宁. 列宁选集：第4卷[M]. 中共中央马克思恩格斯列宁斯大林著作编译局, 编译. 北京：人民出版社, 2012: 130.
③ 列宁. 列宁选集：第4卷[M]. 中共中央马克思恩格斯列宁斯大林著作编译局, 编译. 北京：人民出版社, 2012: 20.

得，不劳动者不得食。通过这种方式，使得一些劳动能手和有才能的人脱颖而出，进而培养为工厂的领导者或负责人，为苏联社会主义事业的发展做出了贡献。

劳动竞赛还对劳动者起到了教育作用，通过这种劳动方式增强了劳动者的进取心、培养了劳动者的劳动创新精神。列宁认为，劳动教育要真正广泛地运用竞赛的方式，把多数劳动者吸引到竞赛这一舞台上来，使其大显身手、施展本领，进而通过竞赛发现有才能的人。列宁在《怎样组织竞赛？》一文中提出："必须组织来自工农的实际组织工作者互相展开竞赛"[1]，这是执政党的重要任务。开展社会主义劳动竞赛既可以教育千百万工人和农民自愿地、积极地用满腔革命热情对劳动产品的生产与分配进行实际的计算和监督，还可以教育和引导他们积极参与全国的管理工作，使其在创造性的组织工作中发扬独创精神，在劳动实践中发挥组织才能。

（二）劳动的作用

在种种形式的劳动中，列宁看到了劳动的积极作用，因此他十分重视劳动教育，将教育与生产劳动相结合的原则纳入教育纲领，并于1919年正式写入《俄共（布）党纲草案》，具体落实了"普遍生产劳动同普遍教育相结合。"[2]对于误读马克思劳动教育思想的情况，列宁明确指出："没有年轻一代的教育和生产劳动的结合，未来社会的理想是不能想象的。"[3]他认为要加强对青年的劳动教育，做到教育与生产劳动相结合，以促进新一代脑体全面发展。

1.通过劳动教育培养共产主义新人

苏维埃政权建立以后，剥削关系已被消灭，苏联的社会主义建设，需要培养具有共产主义素质的新人，使其能掌握共产主义知识，具有共产

---

[1] 列宁. 列宁选集: 第3卷[M]. 中共中央马克思恩格斯列宁斯大林著作编译局, 编译. 北京: 人民出版社, 2012: 381.

[2] 列宁. 列宁全集: 第2卷[M]. 中共中央马克思恩格斯列宁斯大林著作编译局, 编译. 北京: 人民出版社, 1984: 462.

[3] 列宁. 列宁全集: 第2卷[M]. 中共中央马克思恩格斯列宁斯大林著作编译局, 编译. 北京: 人民出版社, 1984: 461.

主义劳动态度。为共产主义事业提供青年力量、为共产主义建设培养接班人，列宁在《青年团的任务》一文中，对青年提出了建立共产主义社会的任务，所以青年"都应该学习共产主义"。[1]对青年要进行全方位的教育，学习共产主义知识的同时，要参与到工农的生产实践中去，做到教劳结合。

通过加强劳动教育，才能"使大家都看到，入团的青年个个都是有文化的，同时又都善于劳动"[2]，青年才能成长为真正的共产主义者；通过劳动教育才能培养青年的共产主义劳动态度，使其热爱劳动，并将劳动看成是"生活的第一需要"，摆脱旧思想、旧习惯，克服自私自利观念，进而自觉地、不计报酬地为社会劳动。列宁指出，培养共产主义劳动态度是在使人们"战胜自身的保守、涣散和小资产阶级利己主义，战胜万恶的资本主义遗留给工农的"[3]旧习惯，这是比推翻资产阶级更困难、更重大、更有决定意义的变革。

2.通过劳动教育提高社会主义劳动生产率

生产力即劳动生产力，既是人类社会发展的基础，又是人类文明进步的推动力量。劳动生产率是劳动生产力的量化，它不仅是社会生产力发展水平的标志，也是新的社会制度胜利的保证。十月革命胜利后，列宁提出了迅速提高劳动生产率的主张，多次强调提高劳动生产率是苏维埃俄国社会主义建设的一个根本任务。1918年，他在《苏维埃政权的当前任务》中提出，"要把创造高于资本主义的社会结构的根本任务提到首要地位"[4]，这一根本任务指的就是提高劳动生产率。

因为，劳动生产率是使新社会制度取得胜利的最重要最主要的东

---

[1] 列宁.列宁选集：第4卷[M].中共中央马克思恩格斯列宁斯大林著作编译局，编译.北京：人民出版社，2012：282.

[2] 列宁.列宁选集：第4卷[M].中共中央马克思恩格斯列宁斯大林著作编译局，编译.北京：人民出版社，2012：295.

[3] 列宁.列宁选集：第4卷[M].中共中央马克思恩格斯列宁斯大林著作编译局，编译.北京：人民出版社，2012：1.

[4] 列宁.列宁选集：第3卷[M].中共中央马克思恩格斯列宁斯大林著作编译局，编译.北京：人民出版社，2012：490.

西。①共产主义要战胜资本主义，最根本的条件就是提高劳动生产率，否则"就不可能最终地过渡到共产主义"②。因此，苏维埃俄国要建立更高形式的劳动组织，通过劳动教育使"广大群众自觉地在资本主义已经达到的基础上向高于资本主义的劳动生产率迈进"③。列宁提出，对劳动者进行技术教育，使他们既要识字、有文化，又要有觉悟和教养。他强调指出，要建设共产主义，就要掌握科学技术，"使学校、社会教育、实际训练都在共产党员领导之下为无产者、为工人、为劳动农民服务"。④列宁强调，通过劳动教育，使广大劳动者积极参与到工业生产之中，"用自己的劳动创造全部财富"⑤，不断学习和采用先进科学技术，提高劳动生产率，建立大工业的物质基础。

第三节　新中国的劳动教育

在新民主主义革命、社会主义建设、改革开放以及新时代的各个时期，党和国家领导人都非常重视劳动的作用，他们以马克思主义劳动教育思想为理论渊源，结合我国的实际，在实践的基础上提出了关于劳动的思考，形成了中国特色的劳动教育思想，这些思想是马克思主义劳动教育思想中国化的成果，也为中国共产党进一步贯彻和推进劳动教育思想奠定了理论基础，对于新时代社会主义发展有着重大意义。

---

① 列宁. 列宁选集：第4卷[M]. 中共中央马克思恩格斯列宁斯大林著作编译局，编译. 北京：人民出版社，2012：16.

② 列宁. 列宁选集：第3卷[M]. 中共中央马克思恩格斯列宁斯大林著作编译局，编译. 北京：人民出版社，2012：727.

③ 列宁. 列宁选集：第3卷[M]. 中共中央马克思恩格斯列宁斯大林著作编译局，编译. 北京：人民出版社，2012：482.

④ 列宁. 列宁选集：第4卷[M]. 中共中央马克思恩格斯列宁斯大林著作编译局，编译. 北京：人民出版社，2012：125.

⑤ 列宁. 列宁全集：第8卷[M]. 中共中央马克思恩格斯列宁斯大林著作编译局，编译. 北京：人民出版社，1986：193.

第六章　工匠精神培育的理论基础：劳动教育

一直以来，中国共产党坚持教育与生产劳动相结合的教育方针，新中国成立以后，劳动教育受到重视，党和国家历届领导人立足国情，探索出了一条适合我国实际的具有中国特色的劳动教育道路，为我国社会主义建设培养了大批高素质的劳动者，奋力实现中华民族伟大复兴的中国梦。

一、毛泽东的劳动教育思想

（一）形成背景

毛泽东出生于内外交困惨遭帝国主义国家践踏的时代，当时国家贫穷落后，积贫积弱，为了挽救中国，需要寻求出路，马克思主义的传播为中国革命指引了道路，其中蕴含着劳动教育的思想为毛泽东劳动教育思想的形成指明了方向。

毛泽东熟读史书，古代的生活教育到封建时期学校专门的耕读结合的劳动教育方式，深深影响着出身于农民家庭的毛泽东，为他的劳动教育思想奠定了理论基础。

新文化运动的爆发使得人民在思想和文化上得到了觉醒，毛泽东也积极投身于反封建教育的斗争之中，他创作了《民众的大联合》，对封建教育思想进行了批判，倡导学校教育要革新发展。在五四运动期间，勤工俭学运动成了进步青年的学习方式，他们践行工读主义，认为工作和读书同样重要，劳动者和知识分子有同样的地位，这种学习和生活经历，使他了解到资本主义剥削的本质，这些新文化运动中的劳动观也为毛泽东思想的形成奠定了理论借鉴。

（二）具体内容

1. 脑体平均发展

毛泽东早期的劳动生活经历，在私塾对儒家经典文化学习的经历，受新文化运动思潮影响的经历，使他深刻认识到中国传统教育的弊端，包括孔孟之道所提倡的"学而优则仕"的思想，学校教育与生产实践相分离的情况，平民缺乏受教育的机会的现实，都成了教育发展的掣肘，毛泽东对中国教育进行了深刻的反思。

最初，毛泽东提出了半工半读的"新村计划"，试图通过和平的方式建设共产村，以救国救民。1920年5月，毛泽东在上海期间对"新村计划"付诸实践，但他发现其中有很多弊端，当时的社会状况不能支撑共产主义的生活方式，因此他放弃了实践。计划虽然失败了，但工读主义对他带来了很大影响，他在《湖南自修大学的组织大纲》中明确提出："本大学学友为破除文弱之习惯，图脑力与体力之平均发展，并求知识与劳力两阶级之接近，应注意劳动"。①此时，毛泽东认识到，在教育过程中应使得脑力劳动和体力劳动均衡发展，后在《青年运动的方向》一文中，对中国传统教育中只重理论不重实践劳动的教学观提出了批判，"中国古代在圣人那里读书的青年们，不但没有学过革命的理论，而且不实行劳动。"②这一观点强调了劳动在教学过程中的重要性，肯定了"劳教结合"在学生成长中的作用。所以他提出了半工半读的教育方式，希望通过这种方式，让学生学到知识的同时，参与劳动掌握劳动技术，从而能更好地改造社会，促进社会的发展，促进人的发展。

2. 劳动教育为革命服务

土地革命战争时期，中华苏维埃提出了"一切苏维埃工作服从革命战争要求"的工作总方针，为了革命斗争，为了经济建设，需要扩大革命队伍和建设高素质人才，但毛泽东通过调查发现，由于当时条件十分艰苦，物质匮乏，经济落后，生活贫困，很多工农群众和部队战士文化水平低，甚至是文盲状态，新生儿童更是未能接受义务教育。在这样的情况下，毛泽东指出"在于使文化教育为革命战争与阶级斗争服务，在于使教育与劳动联系起来"。③此时提出劳动教育解决了革命斗争的需要，把劳动生产与人才培养结合起来。在中华苏维埃共和国第二次全国苏维埃代表大会上，毛泽东明确指出要"使教育与劳动联系起来"。

（1）对干部进行教育

当时文化教育的根本任务"是厉行全部的义务教育，是发展广泛的社

---

① 毛泽东创办湖南自修大学[EB/OL]．（2013-07-16）[2024-06-01]．http://theory.people.com.cn/n/2013/0716/c366646-22210662-5.html.

② 毛泽东．毛泽东选集：第2卷[M]．北京：人民出版社，1991：568.

③ 毛泽东．毛泽东同志论教育工作[M]．北京：人民教育出版社，1958：15.

会教育，是努力扫除文盲，是创造大批领导斗争的高级干部"[①]，在苏区开设了马克思共产主义学校、苏维埃大学、中国工农红军大学、中央农业大学及教育部领导下的许多干部学校，培养了大批领导斗争的高级干部。教育与劳动相联系，坚持理论联系实际作为培养领导干部和经济建设人才的主要途径，所以革命干部在学校努力学习知识的过程中，始终以革命战争实践为目标，始终与生产劳动紧密联系。

（2）对工农群众进行扫盲教育

第二次全国苏维埃代表大会指出"一切文化教育机关，是操在工农劳苦群众的手里，工农及其子女享有受教育的优先权，苏维埃政府想尽一切方法来提高工农的文化水平"。[②]工农群众是扫盲运动的主要群体，他们在劳动之余的任何时间参与学习，一边从事劳动生产，一边利用农闲时间接受文化教育，既保证了生产发展和革命前线的物资供应，又保证了工农群众的文化知识和政治思想觉悟水平的提升，使落后的农村逐渐变成了革命的农村。

（3）对儿童进行义务教育

毛泽东把工农群众的子女称为"未来红色世界的主人"，重视对他们的教育，为了培养共产主义接班人，在苏区建立了列宁小学、儿童团和少先队的半军事组织，形成了比较完备的小学教育体系。在教育过程中，严格按照教育同斗争和劳动联系的原则，在课程安排上融入了劳动生产技术和实践活动，并通过规定每周的劳动时间和农忙放假的方式，保证教育为生产劳动服务的基本原则。在教学内容中增加与之相关的生产劳动和革命斗争内容，确保教育与革命斗争和劳动的联系。这些方式不仅调动了更多根据地儿童的学习积极性，而且掌握了基本的生产劳动技能，还树立了正确的劳动观念，同时奠定了坚实的革命斗争思想基础。

通过教育不仅为革命提供了中坚力量，更是培养儿童成为后续的革命储备力量和共产主义接班人。毛泽东始终坚持教育与劳动相结合的原则，

[①] 毛泽东.毛泽东同志论教育工作[M].北京：人民教育出版社，1958：15.

[②] 中央教育科学研究院，陈元晖，璩鑫圭，邹光威编.老解放区教育资料（一）土地革命战争时期[M].北京：教育科学出版社，1981：18.

在学习之余必须进行一定的劳动，并明确规定参加劳动的时间，把劳动作为考核的一项指标，这不但解决了教育的问题，而且解决了斗争中生产力不足的问题。

　　这一时期，无论是干部人才教育、工农群众扫盲还是儿童教育都是革命性的教育，这是革命战争时期所赋予教育的政治特性，所以这些革命教育始终遵循着教育为革命斗争所服务，教育需要与生产劳动联系起来的原则。教育与国家革命战争发展阶段相结合、教育与生产劳动相联系标志着毛泽东劳动教育观的诞生。

　　3. 边学习，边生产劳动

　　毛泽东结合抗日战争时期的实际情况，提出了"教育与生产劳动相结合"的教育方针，实现边学习边劳动，做到知识分子劳动化，劳动人民知识化，劳动教育的内容和方法密切结合生产劳动，形式更多样，规模更大。

　　对于干部教育，毛泽东提出"干部教育第一，国民教育第二"的教育方针，指出干部教育的首要地位。传统观念中，领导干部的工作任务就是学习文化知识，制定政策，发号施令，但毛泽东提出"一切机关学校部队，必须于战争条件下厉行种菜、养猪、打柴、烧炭、发展手工业和部分种粮……各级党政军机关学校一切领导人员都须学会领导群众生产的一全套本领，凡是不注重研究生产的人，不算好的领导者。"[1]颠覆了对干部的传统教育方式，要求在学习文化知识时要参加劳动生产建设。在延安时期创办的中国人民抗日军政大学，就结合了抗日战争时期的实际情况，要求学生边学习边生产。毛泽东在《在生产战线上的抗大》特辑题词："现在一面学习，一面生产，将来一面作战，一面生产，这就是抗大的作用，足以战胜任何敌人"。[2]让学生参与劳动实践，不仅能磨炼斗志提高觉悟，还为抗战提供了物质保障。

　　对于小学教育，毛泽东也是遵循了边学习边劳动的教育方针，学生在学习之余，还要参加校内劳动和校外劳动，如纺织、编制竹器，开垦荒

---

[1] 毛泽东. 毛泽东同志论教育工作[M]. 北京：人民教育出版社，1958：41.
[2] 毛泽东. 毛泽东论教育[M]. 北京：人民教育出版社，2008：69.

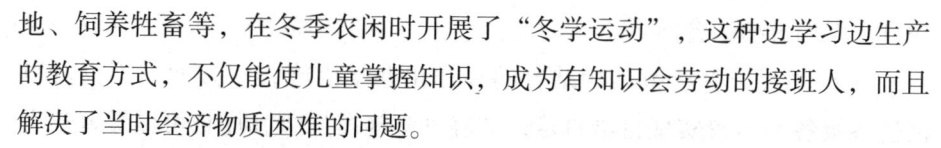

地、饲养牲畜等，在冬季农闲时开展了"冬学运动"，这种边学习边生产的教育方式，不仅能使儿童掌握知识，成为有知识会劳动的接班人，而且解决了当时经济物质困难的问题。

对于文艺者的劳动教育改造，毛泽东认为这一时期的文艺工作者和文艺作品是为剥削阶级服务的，具有歧视劳动者的性质，脱离了基层群众，与国情不符。因此，在延安文艺座谈会上，毛泽东指出文艺工作者要为工农群众和抗日战争服务，要纠正存在的小资产阶级思想，那就需要转换立场，转换身份，让文艺工作者走入工农群众，参加劳动生产，这样才能在劳动实践中积累素材获取灵感，创作出为革命战争服务的优秀文艺作品，如《白毛女》《小二黑结婚》等文艺作品便是这样创作出来的。

4. 劳动教育为无产阶级政治服务

在新中国成立后，各方面满目疮痍百废待兴，为了发展教育，培育社会主义建设者和接班人，毛泽东联系无产阶级政治发展新阶段，确保社会主义发展道路，明确提出"教育为无产阶级的政治服务，教育与生产劳动相结合"[①]的教育方针和"培养德育、智育、体育等几方面都得到发展的有社会主义觉悟的有文化的劳动者"的培养目标。

为了摆脱当时贫穷落后的面貌，解决全国人民的教育问题，毛泽东提出了"两条腿走路"的办学方针，即国家办学和群众办学相结合，实行多样化的教育形式，毛泽东在《工作方法六十条（草案）》中明确强调，各级各类学校办学必须结合生产劳动开展教育工作，一切中等技术学校和技工学校，凡是可能的，一律试办工厂或者农场，进行生产，做到自给或者半自给。学生实行半工半读。一切高等工业学校的可以进行生产的实验室和附属工场，除了保证教学和科学研究的需要以外，都应当尽可能地进行生产。一切农业学校除了自己的农场进行生产，还可以同当地的农业合作社订立参加劳动的合同，大学和城市里的中等学校，在可能的条件下，可以由几个学校联合设立附属工厂或作坊，也可以同工厂、工地或者服务行

---

① 何东昌. 中华人民共和国重要教育文献（1949—1975）[M]. 海口：海南出版社，1998：859.

业订立参加劳动的合同。①

这些教育与生产劳动相结合的多样化办学措施,一方面,不仅可以促进各级各类学校实现自给自足,减轻办学经费压力,而且可以缓解学生家庭经济压力,同时为国家生产建设贡献一份力量。另一方面,学生一边学习,一边进行劳动生产实践,不但可以促进理论知识在劳动实践中得到印证,而且可以促进脑体劳动结合发展,成为消除脑体劳动差别的实践过程,进而促进人民的全面发展和加快摆脱国家贫困现状的步伐。

1966年以后,毛泽东立足国情,坚持教育与生产劳动相结合的原则,一方面,提出了"知识青年上山下乡"的劳动教育实践方式。毛泽东强调指出:"一切可以到农村中去工作的这样的知识分子,应当高兴地到那里去。农村是一个广阔的天地,在那里是可以大有作为的"。他指出:"知识分子既然要为工农群众服务,那就首先必须懂得工人农民,熟悉他们的生活、工作和思想。"②在这一思想的号召下,全国掀起了浩浩荡荡的知识青年上山下乡运动。另一方面,他提出了"工农兵上大学"的举措,推荐优秀工农兵直接上大学,解决了千百年来工农群众因文化水平低无法上大学的难题。通过这些方式,让知识分子走进工农群众生活,接受实际的劳动生产,把知识运用到实践中,不仅可以在农村的建设中大展宏图,锻造知识分子和干部的无产阶级政治思想,更好地为无产阶级政治服务,最终可以使青年知识分子成为全面发展的社会主义人才。

(三)时代意义

毛泽东劳动教育的思想都是基于当时的国情和社会实际而提出的,解决了一系列的现实问题,在社会主义建设和新时代建设的过程中,有着重要的理论和实践意义。

首先,毛泽东劳动教育思想是对马克思主义劳动教育思想的继承和发展。毛泽东从中国革命和社会主义建设的实际出发,论述了在不同历史条件下劳动教育的不同形式和内容,他强调劳动教育在干部教育及儿童教育

---

① 毛泽东. 毛泽东文集(第7卷)[M]. 中共中央文献研究室编写. 北京:人民出版社,1999:360.
② 毛泽东. 毛泽东文集(第7卷)[M]. 中共中央文献研究室编写. 北京:人民出版社,1999:272.

中的重要作用，突出了劳动对人的全面发展的作用，在具体实践中将马克思主义劳动教育中国化，使其具有中国特色，是对马克思主义劳动价值论和劳动教育观的完善和发展，提出了"在德育、智育、体育几方面都得到发展，成为有社会主义觉悟的有文化的劳动者""教育必须同生产劳动相结合"和"教育必须为无产阶级政治服务"等劳动教育思想。

其次，毛泽东劳动教育思想坚持了理论联系实际的原则。理论联系实际是马克思主义的理论品质，是共产党人的工作作风，也是毛泽东劳动教育的主要内容。他曾提出要通过实践才能变革梨子的理论，要理论联系实际，反对对马克思主义照搬照抄，单纯背诵经典的教条主义，在《改造我们的学习》中毛泽东指明了理论脱离实际的危害，并在党内号召反对这种错误。只有把教育与劳动相结合，坚持理论联系实际才能推动新时代劳动教育进一步的发展。

最后，毛泽东劳动教育思想为培养人才提供了保障。在不同的历史时期，毛泽东为了适应形势发展的需要，创办了各种形式的学校和教育培训机构，对干部、儿童、文艺工作者、工农兵群众等进行全面的教育，推动了国家教育事业的发展。通过不同形式的教育，培养了干部，提高了群众的文化水平，改造了文艺工作者，为革命发展培养了人才，为社会主义建设培养了大批知识分子，为国家经济复苏、政权巩固、社会发展做出了巨大贡献。

二、邓小平的劳动教育思想

（一）形成背景

20世纪70年代，邓小平着眼于国内外大局，提出发展才是硬道理的理念，为促使中国的发展制定了"改革开放"的基本国策。在社会主义市场经济建设过程中，在改革开放的浪潮中，他认识到劳动的重要性，对轻视知识分子的观念进行拨乱反正；认识到生产力在社会发展中的推动作用，提出了社会主义的本质内涵；认识到脑力工作者也是劳动者，脑力劳动与体力劳动同样重要，为脑力劳动者正名。他强调通过劳动才能促进生产力的发展，才能实现国家富强，才能实现人民富裕。他坚持马克思主义指导

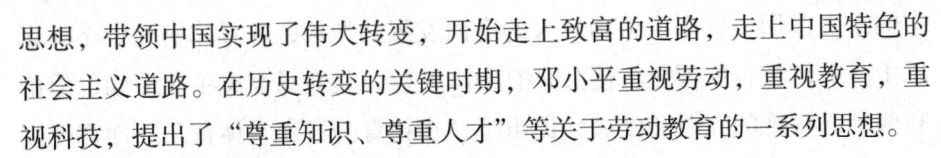

思想，带领中国实现了伟大转变，开始走上致富的道路，走上中国特色的社会主义道路。在历史转变的关键时期，邓小平重视劳动，重视教育，重视科技，提出了"尊重知识、尊重人才"等关于劳动教育的一系列思想。

（二）具体内涵

1978年，邓小平指出："现代经济和技术的迅速发展，要求教育质量和教育效率的迅速提高，要求我们在教育与生产劳动结合的内容上、方法上要不断有新的发展。"在改革开放的背景下，邓小平强调教育与生产劳动相结合的价值，提出教育要更好地为国民经济发展服务、为社会主义现代化建设服务，将劳动教育事业提升到了宏观与经济发展相适应的新高度。

1. 关心劳动主体，培养高素质劳动者

在1978年4月22日的全国教育工作会议上，邓小平提出"必须培养具有高度科学文化水平的劳动者"。[1]这里的劳动者是指"有一定的科学知识、生产经验和劳动技能来使用生产工具、实现物质资料生产的人。"只有劳动者具备高等素质，知识分子获得高水平发展，国家才能取得大的进步。邓小平认为劳动者要有艰苦奋斗的劳动精神，只有付出艰苦的劳动才能创造幸福的生活。他还提出了"产学研"相结合的教育模式，为劳动教育的顺利开展提供了平台与路径。

首先，重视劳动者的权益。他认为，劳动者的合法权益要得到保护，劳动者的收入要有保障，对于特殊工作和做出贡献的劳动者待遇要有提高，"高温、高空、井下、有毒的工种，待遇应当跟一般的工种有所不同"[2]，对于发明创造者和特殊贡献者，除了给予奖金外，还提高他们的工资级别[3]。

其次，重视劳动者的安全。他呼吁劳动者在劳动过程中要坚持"安全第一、预防为主"的原则，避免发生事故，尤其是对于危险系数高、环境条件差的工作要特别重视，保证劳动安全。

最后，重视劳动者的健康。为了确保体力消耗较大的劳动者营养摄

---

[1] 邓小平. 邓小平文选（第2卷）[M]. 北京：人民出版社，1994：107.
[2] 邓小平. 邓小平文选（第2卷）[M]. 北京：人民出版社，1994：30-31.
[3] 邓小平. 邓小平文选（第2卷）[M]. 北京：人民出版社，1994：101-102.

入,他提出食物供给要充足,还建议划出地块以种菜养猪,"这样不仅可以增加农民收入,改善工农关系,还可以增加肥料,使粮食增产。"[①]

这些举措激发了劳动者的劳动积极性,有着巨大的激励作用。

2. 重视劳动保障,维护劳动者福利

劳动者的权益只有得到充分的保障,才能保持劳动热情,并能扎根劳动,对此邓小平采取了一系列措施。

首先,保障劳动者的就业。邓小平指出,"中国式的现代化,必须从中国的特点出发。不统筹兼顾,我们就会长期面对着一个就业不充分的社会问题。"[②]并号召"继续广开门路,主要通过集体经济和个体劳动的多种形式,尽可能多地安排待业人员。"[③]如"轻工业、服务行业,都可以用一些人"。[④]通过发展多种所有制经济,增加了就业机会,增加了就业岗位,解决了劳动者的就业问题。

其次,保障劳动者的培训。邓小平重视对劳动者的培训和教育,这样才能提高劳动者的素质,提升劳动者的技能,才能确保"人才优势发挥出来,我们的目标就一定能实现"。[⑤]因此,要"有计划地对大批干部、工人进行正规教育,提高他们的政治水平、文化水平、技术水平、经营管理水平,就是一种能够收到很好效果的智力投资。"[⑥]通过培训使劳动者的素质和技能得到提高。

最后,保障劳动者的权益。人民的利益无小事,劳动者的权益无小事,对于企业忽视职工的福利等问题,邓小平高度重视,并强调发挥好工会的作用,大力发展职工福利,他指出"工会要努力保障工人的福利","工会要为工人的民主权利奋斗,反对形形色色的官僚主义,它本身就必

[①] 邓小平. 邓小平文选(第2卷)[M]. 北京:人民出版社,1994:27.
[②] 邓小平. 邓小平文选(第2卷)[M]. 北京:人民出版社,1994:164.
[③] 邓小平. 邓小平文选(第2卷)[M]. 北京:人民出版社,1994:362.
[④] 中共中央文献研究室. 邓小平思想年谱[M]. 北京:中央党校出版社,1998:54.
[⑤] 邓小平. 邓小平文选(第3卷)[M]. 北京:人民出版社,1993:120.
[⑥] 邓小平. 邓小平文选(第2卷)[M]. 北京:人民出版社,1994:361.

须是民主的模范",①同时,他还主张用法律解决劳资纠纷等矛盾,用法律手段来保障劳动者的合法权益。

十一届三中全会以后,邓小平基于我国发展战略大局和国际大背景重新审视了我国教育事业的发展方向,劳动教育也因此迎来了新的发展机遇。因为过去一段时间对劳动教育的认知出现了严重偏差,导致劳动教育被过度放大甚至成为一种政治手段,这背离了劳动教育的教育属性,邓小平开始对劳动教育拨乱反正。他从劳动教育的政治功能和经济功能综合考虑、重申了劳动教育这一重要的教育方针。面对我国经济体系发展的现实需要,邓小平认为劳教结合"更重要的是整个教育事业必须同国民经济发展的要求相适应。"②为了满足我国经济发展对于人才的需要和汲取过去劳动教育出现严重偏差的深刻教训,邓小平指出:"各级各类学校对学生参加什么样的劳动,怎样下厂下乡,花多少时间,怎样同教学密切结合,都要有恰当的安排。"③

3. 推崇科学技术,提高劳动者素质

邓小平非常重视科技的作用,深刻意识到劳动者的素质和国家的科学研究水平直接影响着国民经济的发展,科学技术若得不到发展,就会拖国家建设的后腿。他面对我国科技水平低下的情况,提出了"科学技术是第一生产力"的论断。

他认为科技人员也是劳动者,1975年9月,邓小平在听取《科学院工作汇报提纲》时明确谈道:"科技人员是不是劳动者?科学技术叫生产力,科技人员就是劳动者。"④对劳动者包括科技人员进行了肯定。他强调"没有科学技术的高速度发展,也就不可能有国民经济的高速度发展"⑤,"我们要实现现代化,关键是科学技术要能上去。⑥"对于如何提高科技

---

① 邓小平. 邓小平文选(第2卷)[M]. 北京: 人民出版社, 1994: 137-138.
② 邓小平. 邓小平文选(第2卷)[M]. 北京: 人民出版社, 1994: 107.
③ 邓小平. 邓小平文选(第2卷)[M]. 北京: 人民出版社, 1994: 107.
④ 邓小平. 邓小平文选(第2卷)[M]. 北京: 人民出版社, 1994: 34.
⑤ 邓小平. 邓小平文选(第2卷)[M]. 北京: 人民出版社, 1994: 86.
⑥ 邓小平. 邓小平文选(第2卷)[M]. 北京: 人民出版社, 1994: 40.

水平，邓小平认为，必须依靠我们自己努力，必须发展我们自己的创造，必须坚持独立自主、自力更生的方针。他主张将科技作为教育与生产劳动的切点，促进"研究机构、设计机构、高等院校、企业之间的协作和联合"，并提出了"产学研"相结合的教育模式，创造性地发展了劳动教育的内容，创新劳动教育方式以适应科技发展，营造尊重知识和人才的健康风气，为国家培养大量科技人才。

（三）时代意义

1. 对马克思主义和毛泽东思想的继承和发展

邓小平有关劳动教育的思想是在马克思、恩格斯、毛泽东同志等前辈的基础上发展起来的，他站在改革开放和社会主义发展的时代高度，为"劳教结合"理念增添了新内涵。他把握了劳动教育的精神实质，避免了形式上的片面劳教结合。在"培养什么人"问题上，在肯定以往的"德智体""有社会主义觉悟"和"有文化"的思想基础上，又将目标精确为"有理想、有道德、有文化、有纪律，热爱社会主义祖国和社会主义事业，具有为国家富强和人民富裕而艰苦奋斗的献身精神，不断追求新知识，具有实事求是、独立思考、勇于创新的科学精神的一代新人"。[①]

首先，邓小平基于改革开放的时代背景赋予了劳动教育更多的内涵，实现了劳动教育的历史性发展。他从实现"四个现代化"的目标出发，提出了教育对科学技术创新的重要作用，将经济发展、科学技术和教育紧密结合起来，这既对劳动教育提出了新的要求也给劳动教育带来了新的发展机遇。

其次，邓小平推动了教育部门和生产部门的密切联系。他要求国家各职能部门统筹规划、发挥合力，共同推动我国教育事业融入国家经济的整体体系之中。这一要求为推动劳动教育的落地实施，为生产部门和教育部门资源的双向流动提供了良好的契机。

最后，邓小平高度重视劳动教育的思想政治功能属性。他强调在劳动教育中必须重视德育功能的发挥，他认为学生们只有在劳动中才能深刻接触到社会，才能培养对劳动人民的感情，因此劳动必须成为学生的一门必

---

① 柏昌利. 党的三代领导人对教育方针的理念创新[J] 中国电子教育, 2003 (3)：18-21.

修课。

2. 为我国教育事业发展做出的贡献

1978年，邓小平同志在全国教育工作会议上回应了"如何更好地贯彻教育与生产劳动相结合的方针"[①]的具体问题。在他看来，遵循教育与劳动教育相结合是培育全面发展人才的重要条件。因而，在新的发展形势下，邓小平同志进一步强调教育工作与生产劳动相结合的方针，同时还强调要与社会经济的发展相统一。他指出，"我们制订教育规划应该与国家的劳动计划结合起来，切实考虑劳动就业发展的需要"。[②]

如果教育不能满足社会发展的需求，与社会发展相背离，作为受教育者的学生就不能将所学的才智运用于实际。而社会的发展也会促使劳动教育目标从实现知识分子劳动化向提升学生劳动素养的转变，其育人本质也得以凸显。一方面，伴随着改革开放的深化，社会的智能化水平在不断地提高，现代化的生产速度也在加快进步，科技成果层出不穷，新产品和新技术不断持续更新。以往的体力劳动正被脑力劳动所替代，由机械化大生产的工作也正向科学技术智能化转变，这就迫切需要培育一批具有高技术、高素质的优秀人才。另一方面，教育对社会科技水平的提升和社会生产力的发展起着越来越大的推动作用，更加凸显教育在社会中的重要地位。邓小平同志强调，"现阶段社会主义建设需要有文化的劳动者，所有劳动者也都需要有文化。"[③]这就需要推动受教育者在德智体美劳多方面综合发展。

3. 对劳动教育的开展具有方法论意义

邓小平同志从劳动教育的实施方面入手，对于如何推动"劳教结合"作了重要指示，现阶段的大学生要提升自己的综合素质和文化素养。针对如何统筹推动"劳教结合"的问题上，邓小平同志提出了明确要求，对不同的院校在新形势下，学生应该以何种方式参与劳动、劳动时间是多少以

---

① 邓小平. 邓小平文选(1975—1982)[M]. 北京：人民出版社，1983：104.
② 邓小平. 邓小平文选(第三卷)[M]. 北京：人民出版社，1994：108.
③ 邓小平. 邓小平同志论教育[M]. 北京：人民教育出版社，1990：16.

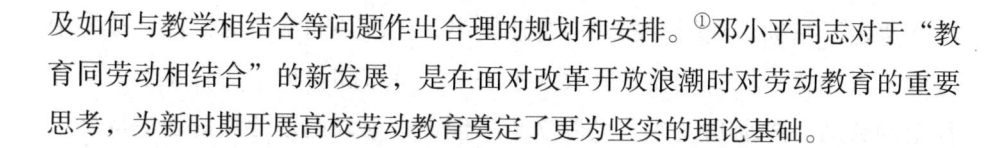

及如何与教学相结合等问题作出合理的规划和安排。[①]邓小平同志对于"教育同劳动相结合"的新发展，是在面对改革开放浪潮时对劳动教育的重要思考，为新时期开展高校劳动教育奠定了更为坚实的理论基础。

三、江泽民的劳动教育思想

（一）形成背景

随着改革开放的深入发展，在社会主义市场经济体制逐步建立的背景下社会提出了复合化、多元化的人才需求。如何培养人才？党中央明确指出，"要根据政治、科技改革以及社会主义市场经济体制改革的需求建立相应的教育体制，教育要与生产劳动相结合，自觉地服从和服务于经济建设这个中心"。[②]以培养学生的综合素质为主，为劳动教育指明了方向。

在中国共产党成立八十周年的讲话中，江泽民指出，"我们应该结合实际，深化对社会主义社会劳动和劳动价值理论的研究和认识。"[③]在总结、探索和实践的过程中，他结合社会发展需求和人民群众诉求，提出了一系列重要的、科学的劳动论述。同时，科学技术的进步显现出其强大的力量，科技的发展给社会带来了巨大变化，推动了人们在思想观念、生产方式、生活方式等方面都发生了历史性的改变，为顺应时代发展和21世纪教育的要求，江泽民对劳动进一步阐述，形成了江泽民劳动思想。

（二）具体内涵

1. 提出"四个尊重"

在党的十六大报告中，江泽民在邓小平"尊重知识、尊重人才"思想的前提下，提出了"尊重劳动、尊重知识、尊重人才、尊重创造"，并在社会各方面推行。而且把"尊重劳动"放在首位，强调了劳动的基础性作用，彰显了劳动在社会主义现代化建设中的作用，强调了对劳动者的尊重和爱护，营造了全社会尊重劳动和劳动者的风气，为学生树立正确的劳

---

① 邓小平.邓小平文选(1975—1982)[M].北京：人民出版社，1983：107.
② 中国教育改革和发展纲要[G]//中共中央文献研究室.十四大以来重要文献选编(上).北京：人民出版社，1996：60-61.
③ 江泽民.在庆祝中国共产党成立八十周年大会上的讲话[N].人民日报，2001-07-02.

动观奠定了基础。党的十六大报告还提出，"以共同富裕为目标，扩大中等收入者比重，提高低收入者收入水平。"尊重和保护一切有益于人民和社会的劳动，激励和支持人民群众干事创业，为人们勤劳致富创造良好条件，提供制度保障。

2. 关爱劳动群体

劳动群众是社会发展的主体，是工人阶级的主力军，劳动者的生活水平应得到不断改善，江泽民提出"工人阶级要始终以主人翁精神和饱满的热情投身到这一伟大实践中去。"①"必须把思想政治工作和其他相应的工作做在前面，做细做实，使群众感到入情入理，感到党和政府是真心诚意维护群众利益、关心群众疾苦的。"②这些举措保护了劳动者的合法权益，调动了劳动者的积极性，这也为党的各项工作指明了方向。他认为"保障工人阶级和广大劳动群众的经济、政治、文化权益，是党和国家一切工作的根本基点，也是发挥工人阶级和广大劳动群众积极性和创造性的根本途径。"③只有这样，才能赢得人民的支持，才能巩固党的基础，才能进一步推进改革。他还为解决劳动者的就业问题，提出"扩大就业，促进再就业，关系改革发展稳定的大局，关系人民生活水平的提高，关系国家的长治久安"④，更好地解决了就业难题。

3. 倡导艰苦奋斗

我国人多地少，人均资源短缺，鉴于此，江泽民指出"要实现社会主义现代化，赶上发达国家的水平，必须艰苦奋斗几十年乃至更长时间。"⑤尤其是改革开放以后，部分人受资产阶级思想和价值观的影响，导致享乐主义、奢靡之风等开始蔓延，出现了铺张浪费的消极腐朽的观念行为，因此，他号召人民群众要抵制这样的不良观念，提倡"以艰苦奋斗、勤俭朴

---

① 江泽民. 江泽民文选（第3卷）[M]. 北京：人民出版社，2006：244.
② 江泽民. 江泽民文选（第1卷）[M]. 北京：人民出版社，2006：363.
③ 江泽民. 江泽民文选（第3卷）[M]. 北京：人民出版社，2006：245.
④ 江泽民. 江泽民文选（第3卷）[M]. 北京：人民出版社，2006：506.
⑤ 江泽民. 江泽民文选（第1卷）[M]. 北京：人民出版社，2006：617.

素为荣，以铺张浪费、奢侈挥霍为耻。"①在全社会形成了艰苦奋斗、勤俭节约的良好风气，大力弘扬了艰苦奋斗精神。

4.培育科技人才

江泽民指出："人是生产力中最活跃的因素，人力资源是第一资源"。②科技人才是发展的关键，要充分培养创新人才，利用人才，发挥科技人才的作用，国家才会得到更深入的发展。科技人才"是新的生产力的重要开拓者和科技知识的重要传播者，是社会主义现代化建设的骨干力量。实施科教兴国战略，关键在人才。"③对于如何培育人才，他指出，"创新的关键在人才，必须有一批又一批优秀年轻人才脱颖而出，必须大量培养年轻的科学家和工程师。"④

（三）时代意义

1.丰富了劳动思想

江泽民同志对劳动教育问题的系统阐述，是在毛泽东同志和邓小平同志的劳动思想的基础上发展起来，并在内容上进一步深化和丰富。

2.实现了三大转变

首先是"一为变双为"，是指添加了"为人民服务"。此次创新突破了教育服务范围的限制，既要为社会主义的政治服务、经济服务，还要为社会主义的文化、艺术、意识形态、科学技术等服务，赋予了教育新的使命，扩展了教育之功能。

其次是"一结合变为两结合"，是指将教育与生产劳动的一结合发展成为教育与生产劳动、社会实践的两结合，要求"学生必须参加社会实践活动""教育事业要与国民经济、社会发展的要求相适应"。

最后是"三育变四育"，是指在"德智体"三育的基础上增加了"美育"而变为"德智体美"四育，体现了对培养目标的更全面的认识，反映了以江泽民同志为核心的党中央对教育规律认识的进一步深化。

---

① 江泽民.江泽民文选(第1卷)[M].北京：人民出版社,2006：621.
② 江泽民.江泽民文选(第2卷)[M].北京：人民出版社,2006：253-254.
③ 江泽民.江泽民文选(第1卷)[M].北京：人民出版社,2006：435.
④ 江泽民.江泽民文选(第2卷)[M].北京：人民出版社,2006：133.

3. 突出了劳动教育的目的

江泽民同志还强调,学生在一定程度上要积极参与一些生产性的劳动,让劳动在教育体系中成为一门"必修课",并提出"社会各方面要积极为学校进行劳动教育提供场所和条件。"[①]突出了劳动教育的直接目的,即通过学习理论和实践相结合的方式,在劳动问题上养成好习惯,形成正确的劳动价值观念。

江泽民同志关于教育同劳动相结合的一系列论述,是立足于中国改革开放和社会主义市场经济发展的大背景下提出来的,成为新时期培育全面发展的强国人才的"方向标"。

四、胡锦涛的劳动教育思想

(一)形成背景

进入21世纪,改革开放事业不断深化发展,市场经济体制不断完善,产业结构进一步转型升级,经济水平飞速提高,社会面貌日新月异,同时,社会利益分配格局也面临重大调整,社会上也出现了一些不和谐因素,脑力劳动的地位日益提高,开始滋生蔑视体力劳动,养成不劳而获的不良风气。胡锦涛在对党情国情世情的科学把握的前提下,顺应社会发展要求,提出了科学发展观,并在辛勤劳动理念的基础上,发扬劳模的作用,提出"以辛勤劳动为荣,以好逸恶劳为耻"的劳动荣辱观,引导群众树立正确劳动观,使得劳动厚植于心,形成劳动光荣、热爱劳动的风气。2010年"劳模进校园"活动在教育部的要求和组织下,成功在校园内形成以劳模为榜样,向劳模学习的风气。

(二)具体内涵

1. 重视劳动者素质的提高

劳动者素质是国家发展、民族兴起的关键,国与国综合实力的竞争追根究底就是劳动者素质之间的竞争。在2010年全国劳动模范和先进工作者表彰大会上,胡锦涛指出"工人阶级是我国先进生产力和生产关系的代表,

---

① 何东昌. 中华人民共和国重要教育文献(1991—1997)[M]. 海口:海南出版社,1998:3472.

是我们党最坚实最可靠的阶级基础，是社会主义中国当之无愧的领导阶级，是全面建设小康社会、坚持和发展中国特色社会主义的主力军。"[1]他认为广大劳动者是生产力水平提升、社会全面进步、民族安定团结的可靠力量。因此，要"深入实施科教兴国战略和人才强国战略，引导广大劳动者不断提高思想道德素质和科学文化素质、提高劳动能力和劳动水平。"[2]在充分保障了劳动者的权益，提升了劳动者素质的基础上，才能发挥他们的主动性和积极性，充分体现"四有"劳动者对社会发展的推动作用。

2. 以辛勤劳动为荣

胡锦涛确立了"以辛勤劳动为荣，以好逸恶劳为耻"的劳动观。改革开放为国家和社会发展带来了翻天覆地的变化，人民群众的劳动收入变得更加多样和多元，生活条件变好了，人们脸上的笑容更加灿烂了，但是社会上贫富差距依然不断扩大，少部分人为了追逐金钱和资本违法经营、违背公民道德，许多假冒伪劣产品被生产出来流通到消费领域，许多劣质商品被摆在了琳琅满目的货架上，严重危害人民群众的身体健康和生命安全，社会上出现了好吃懒做的现象，尤其是年轻一代惧怕劳动、害怕吃苦，出现了许多的懒人闲人散人，"啃老"一词成为他们生活的真实写照。针对这些社会上出现的不正之风，以胡锦涛为代表的中国共产党人，结合我国发展的实际情况，将"辛勤劳动为荣，好逸恶劳为耻"的劳动价值导向纳入社会主义荣辱观，意在发扬劳动光荣、创造伟大的价值理念，引导广大社会成员热爱劳动、辛勤劳动，并积极维护劳动群体的切身权利，保证劳动群体的尊严。

3. 体面劳动

胡锦涛十分关怀和爱护劳动者，注重关心劳动者的劳动收入、劳动保障和劳动环境等民生问题。胡锦涛提出了"体面劳动"的新观点，他指明，要扎实推进和谐劳动关系，建立建设劳动关系协调机制，协调构建劳

---

[1] 胡锦涛. 在2010年全国劳动模范和先进工作者表彰大会上的讲话[N]. 人民日报, 2010-04-28（02）.

[2] 胡锦涛. 在2010年全国劳动模范和先进工作者表彰大会上的讲话[N]. 人民日报, 2010-04-28（02）.

动相关的保障体系，进而维护劳动者的劳动尊严，实现真正的"体面劳动"。体面劳动更加突出劳动者合法权益的保护，广大劳动者可以在安全、自由、平等以及有尊严的劳动环境中干事创业，享受社会主义主人翁的归属感和自豪感。这一思想也是胡锦涛"以人为本"科学发展观在劳动领域的生动体现，也是我国社会主义制度优越性的集中显现。胡锦涛在全国教育工作会议上再次强调了教育与生产劳动相结合的教育方针，并指出"要全面贯彻党的教育方针，坚持教育为社会主义现代化建设服务，为人民服务，与生产劳动和社会实践相结合，培养德智体美全面发展的社会主义建设者和接班人。"①这表明"劳教结合"的教育方针仍然受到了党和国家的高度重视，但是受多种因素的影响，劳动教育未能得到有效贯彻落实，随后劳动教育也鲜有提及。

（三）时代意义

坚持以人为本，劳动教育政策将劳动价值和主体意识放在重要地位，通过施行各种实践课程和公益活动，建立和加深学生内在劳动价值认同观，树立正确的劳动观，在主体意识中弘扬了热爱劳动的情怀精神。坚持教育为人民服务的育人导向，在劳动教育中以劳模为榜样，在劳动者心中彰显了奉献精神，劳动教育也呈现出新风向。

第四节 新时代的劳动教育

一、新时代劳动教育思想的理论渊源

（一）马克思、恩格斯劳动思想的影响

1. 马克思、恩格斯劳动价值论

劳动价值观是马克思主义的基本观点，是关于劳动本质、劳动目的、劳动价值等一系列问题的根本看法和根本观点。首先，马克思、恩格斯强调劳动在人类社会历史形成发展中的根本作用。马克思主义认为，劳动是

---

① 胡锦涛. 胡锦涛文选：第3卷[M]. 北京：人民出版社，2016：418.

人的本质活动，是推动人类社会进步的根本力量。马克思、恩格斯在《德意志意识形态》中指出："人们为了能够'创造历史'，必须能够生活。但是为了生活，首先就需要吃喝住穿以及其他一些东西。因此，第一个历史活动就是生产满足这些需要的资料，即生产物质生活本身，而且，这是人们从几千年前直到今天单是为了维持生活就必须每日每时从事的历史活动，是一切历史的基本条件。"①这说明物质资料生产劳动是人类社会历史存在和发展的前提与基础，任何一个社会、任何一个民族，如果停止劳动，将会很快灭亡。不仅如此，他们认为物质生产劳动也是人们从事政治、宗教和哲学等活动的前提与基础。

其次，马克思、恩格斯主张劳动是价值的唯一源泉。劳动价值论是马克思主义政治经济学的理论基石，其核心思想是"活劳动是价值的唯一源泉"。马克思通过对劳动创造商品价值基本规律的考察，发现了商品二因素和劳动二重性，指出："一切劳动，一方面是人类劳动力在生理学意义上的耗费；就相同的或抽象的人类劳动这个属性来说，它形成商品价值。一切劳动，另一方面是人类劳动力在特殊的有一定目的的形式上的耗费；就具体的有用的劳动这个属性来说，它生产使用价值。"②由此，马克思指出，商品的价值实体是抽象的人类劳动，商品之所以有价值，是因为有抽象人类劳动对象化或物化在里面。

2. 马克思、恩格斯教育与生产劳动相结合思想

教育与生产劳动相结合是马克思主义教育思想的核心和根本。马克思、恩格斯将人类的社会生产劳动及社会分工与人的发展联系起来，从社会生产发展的客观规律和未来社会主义育人目的出发，阐明了教育与生产劳动相结合的必然性及其实现形式。

马克思、恩格斯认为，教育与生产劳动相结合是大工业生产的必然要求，是造就全面发展的人的根本途径。一方面，随着资本主义大工业生

---

① 马克思,恩格斯. 马克思恩格斯文集（第1卷）[M]. 中共中央马克思恩格斯列宁斯大林著作编译局,编译. 北京：人民出版社, 2009: 531.

② 马克思,恩格斯. 马克思恩格斯文集（第5卷）[M]. 中共中央马克思恩格斯列宁斯大林著作编译局,编译. 北京：人民出版社, 2009: 60.

产的发展和机器的广泛采用,科学技术在推动生产力发展中的作用日益凸显,从而为消灭脑力劳动和体力劳动的对立,为实现人的全面发展奠定了物质基础。因为"现代工业的技术基础是革命的","现代工业通过机器、化学过程和其他方法,使工人的职能和劳动过程的社会结合不断地随着生产的技术基础发生变革"。[①]这就对劳动者的素质技能提出更高的要求,要求工人多方面的发展,才能顺应技术变革所带来的劳动变换的要求。另一方面,大工业的资本主义生产形式,产生了旧的分工及其固定化的专业,即"它产生了特长和专业,同时也产生职业的痴呆"[②]。

在资本家的工厂中,工人成为机器的附属品,尤其是大量雇佣儿童劳动,使他们向更加畸形、片面的方向发展。马克思指出:"现代工厂和手工工场雇佣的大部分儿童从最年幼的时期起就被束缚在最简单的操作上,多年遭受着剥削,却没有学会任何一种哪怕以后只是在同一手工工场或工厂中能用得上的手艺。"[③]在这种残酷的现实之下,儿童和少年迫切需要在工厂之外的时间接受教育。

经过无数的抗争,以及工厂法(卫生条款和教育条款)的颁布,实际情况虽然没有得到改善,但某种程度上也"证明了智育和体育同体力劳动相结合的可能性,从而也证明了体力劳动同智育和体育相结合的可能性"[④]。而且,事实证明,半工半读的儿童习得的东西更多。所以,马克思主张教育与生产劳动的结合,可以消除劳动者畸形发展的社会弊病,实现人的全面发展的根本途径。马克思说:"未来教育对所有已满一定年龄的儿童来说,就是生产劳动同智育和体育相结合,它不仅是提高社会生产的

[①] 马克思,恩格斯. 马克思恩格斯文集(第5卷)[M]. 中共中央马克思恩格斯列宁斯大林著作编译局,编译. 北京: 人民出版社, 2009: 560.

[②] 马克思,恩格斯. 马克思恩格斯文集(第1卷)[M]. 中共中央马克思恩格斯列宁斯大林著作编译局,编译. 北京: 人民出版社, 2009: 629.

[③] 马克思,恩格斯. 马克思恩格斯文集(第5卷)[M]. 中共中央马克思恩格斯列宁斯大林著作编译局,编译. 北京: 人民出版社, 2009: 557-558.

[④] 马克思,恩格斯. 马克思恩格斯文集(第5卷)[M]. 中共中央马克思恩格斯列宁斯大林著作编译局,编译. 北京: 人民出版社, 2009: 555-556.

一种方法,而且是造就全面发展的人的唯一方法。"①恩格斯在《共产主义原理》中指出,在新的社会制度中,教育与生产劳动相结合,是培养全面发展、能够通晓整个生产系统的人的重要途径,他说:"教育将使年轻人能够很快熟悉整个生产系统,将使他们能够根据社会需要或者他们自己的爱好,轮流从一个生产部门转到另一个生产部门。因此,教育将使他们摆脱现在这种分工给每个人造成的片面性。"②

(二)传统劳动理念的影响

中华优秀传统文化是中华民族的精神命脉和文化血脉,更是中华民族的基因。这一优秀的传统文化离不开人民的劳动创造,包含着丰富的劳动思想。

1. 人民至上的"爱民"思想

历代圣贤不乏对"爱民"的论述和推崇,这些经典名言也成为优秀传统文化的一部分。习近平对劳动人民的深厚感情凝聚着他的爱民之心和爱民情怀,他引用管子和张居正的名言指出"政之所兴在顺民心,政之所废在逆民心",③"治政之要在于安民,安民之道在于察其疾苦",④认为要适当满足劳动人民的合理愿望,要让劳动群众安居乐业,要爱护人民,亲近人民,坚持人民至上。其次,切实实施爱民举措。他曾引用孟子的言论指出"乐民之乐者,民亦乐其乐;忧民之忧者,民亦忧其忧",⑤强调领导干部要重民,爱民;要避免战争,实现安民、稳民;要发展经济,实现富民、利民。习近平时刻关心百姓疾苦,"去民之患,如除腹心之疾",⑥刻不容缓解决百姓的问题,消除百姓的祸患,时刻体现着劳动人民至上的理念。

---

① 马克思,恩格斯. 马克思恩格斯文集(第5卷)[M]. 中共中央马克思恩格斯列宁斯大林著作编译局,编译. 北京:人民出版社,2009:556-557.
② 马克思,恩格斯. 马克思恩格斯文集(第1卷)[M]. 中共中央马克思恩格斯列宁斯大林著作编译局,编译. 北京:人民出版社,2009:689.
③ 人民日报评论部. 习近平用典[M]. 北京:人民日报出版社,2017:9.
④ 人民日报评论部. 习近平用典[M]. 北京:人民日报出版社,2017:11.
⑤ 人民日报评论部. 习近平用典[M]. 北京:人民日报出版社,2017:13.
⑥ 人民日报评论部. 习近平用典[M]. 北京:人民日报出版社,2017:17.

2. 辛勤劳动的"勤俭"思想

勤劳俭朴是中华民族的传统美德，是劳动人民的标签底色。首先，社会的发展离不开"勤"。习近平指出中国共产党领导人民建设社会主义，要想取得丰功伟绩，要想实现伟大复兴，要想实现中国梦，必须要"功崇惟志，业广惟勤"，[①]必须要勤奋劳动，必须要艰苦实干。习近平对党员干部提出要求"廉不言贫，勤不道苦；尊其所闻，行其所知"，[②]要廉洁清贫，勤奋刻苦。其次，社会发展离不开"俭"。习近平引用李商隐的诗句"历览前贤国与家，成由勤俭破由奢"，[③]指出历代圣贤治理成功的经验就在于勤俭，因此全党全民要发扬勤俭奋斗的优良传统，这样社会才能不断取得进步发展。

3. 求实创新的劳动智慧

劳动要讲究方法，要有正确的劳动态度和科学的劳动方法，这样的劳动才能事半功倍。首先，要求实劳动。量变质变规律告诉我们，事物的发展是量变到质变的过程，从事劳动也是如此，不积跬步无以至千里，只有一步一个脚印，踏实劳动，中华民族伟大复兴才能从量变到质变，达到最终目标。在劳动的同时，还要踏实、切实、求实，"耳闻之不如目见之，目见之不如足践之"，[④]要在劳动的实践中用脚踏勘，勤于劳动，善于劳动。其次，要创新劳动。事物是处在永恒的变化发展之中的，习近平强调"穷则变，变则通，通则久"，[⑤]一定要有创新精神，否则就会僵化致死。在劳动实践中要积极进取，勇于创新，这样才能与时俱进，踔厉前行，习近平强调空谈误国，实干兴邦，只有求实创新的劳动，才能促进社会的发展。

[①] 人民日报评论部. 习近平用典[M]. 北京：人民日报出版社，2017: 105.
[②] 人民日报评论部. 习近平用典[M]. 北京：人民日报出版社，2017: 69.
[③] 人民日报评论部. 习近平用典[M]. 北京：人民日报出版社，2017: 219.
[④] 人民日报评论部. 习近平用典[M]. 北京：人民日报出版社，2017: 119.
[⑤] 人民日报评论部. 习近平用典[M]. 北京：人民日报出版社，2017: 263.

(三)党的劳动文化的影响

1. 催人奋战的劳动文化

在新民主主义革命时期,争取民族独立,实现人民解放,是人民的奋斗目标,马克思主义的广泛传播,为中国革命指明了方向,让劳苦大众看到了希望。中国共产党成立后,担负起了救亡图存的历史重任,带领人民走出了一条中国特色的革命道路,经过28年的奋战、劳动,最终推翻了三座大山,建立了新中国。这一艰苦卓绝的革命劳动实践,完成了伟大壮举,真正实现中华民族的"站起来"。"这一伟大历史贡献的意义在于,完成了中华民族有史以来最为广泛而深刻的社会变革,为当代中国一切发展进步奠定了根本政治前提和制度基础,为中国发展富强、中国人民生活富裕奠定了坚实基础,实现了中华民族由不断衰落到根本扭转命运、持续走向繁荣富强的伟大飞跃。"[①]

2. 催人奋斗的劳动文化

社会主义建设时期,全国各族人民开展了轰轰烈烈的劳动建设运动,实现了新民主主义社会的过渡,完成了三大改造,涌现出了一大批劳动英雄模范。虽然在社会建设过程中,也出现了错误和挫折,但也让人们认识到要尊重自然和社会规律,一切从实际出发,科学劳动。"这一伟大历史贡献的意义在于,完成了中华民族有史以来最为广泛而深刻的社会变革,为当代中国一切发展进步奠定了根本政治前提和制度基础,为中国发展富强、中国人民生活富裕奠定了坚实基础,实现了中华民族由不断衰落到根本扭转命运、持续走向繁荣富强的伟大飞跃。"[②]

3. 催人奋进的劳动文化

改革开放以来,市场经济得到了发展,经济水平得到了提高,综合国力得到了提升,40多年全体人民的劳动努力,创造了一个个的奇迹,迎来了实现中国梦的光明前景。"这一伟大历史贡献的意义在于,开辟了中国特色社会主义道路,形成了中国特色社会主义理论体系,确立了中国特色

---

① 习近平. 在庆祝中国共产党成立95周年大会上的讲话[J]. 中共党史研究, 2016(07): 5-12.

② 习近平. 在庆祝中国共产党成立95周年大会上的讲话[J]. 党的文献, 2016(04): 3-10.

社会主义制度，使中国赶上了时代，实现了中国人民从站起来到富起来、强起来的伟大飞跃。"①

（四）我国教育与生产劳动相结合思想的影响

教育与生产劳动相结合历来是我们党坚持的教育方针和基本原则。我们党坚持以马克思主义劳动价值观和劳动教育观为指导，立足于中国社会主义现代化建设的实际情况，对教育与生产劳动相结合的思想作出创造性实践和发展。

1. 新民主主义革命战争时期的教育与生产劳动相结合思想

在新民主主义革命时期，毛泽东对生产劳动十分重视，强调要把教育与生产劳动相结合。他认为，通过生产劳动，才能实现物质保障，才能实现部队自给自足，这是维护和巩固人民政权的根本途径。他指出："生产运动不但过去要，现在要，将来还是要，这是生产运动的永久性的根据。"②1934年，毛泽东明确指出苏维埃文化教育的总方针"在于以共产主义精神来教育广大的劳苦民众，在于使文化教育为革命战争与阶级斗争服务，在于使教育与劳动联系起来"。③

2. 新中国成立后的教育与生产劳动相结合思想

新中国成立后，毛泽东坚持和重视教育与生产劳动相结合的思想，通过教育与生产劳动相结合可以培养社会主义新人，是实现德智体全面发展的重要途径，并把这一思想认识上升为党的教育方针，在实践中加以贯彻落实。毛泽东指出："我们的教育方针，应该使受教育者在德育、智育、体育几方面都得到发展，成为有社会主义觉悟的有文化的劳动者。"④

3. 改革开放时期的教育与生产劳动相结合思想

改革开放后，教育与生产劳动相结合的思想作为教育方针和原则，进一步得到了党和国家领导人的重视，既重视劳动的作用，更重视科技在生产劳动的作用。当时的时代主题是和平与发展，科学技术在生产力的发

---

① 习近平. 在庆祝中国共产党成立95周年大会上的讲话[J]. 党的文献, 2016(04): 3-10.
② 毛泽东. 毛泽东文集（第2卷）[M]. 北京: 人民出版社, 1993: 176-177.
③ 毛泽东. 毛泽东同志论教育工作[M]. 北京: 人民教育出版社, 1958: 15.
④ 毛泽东. 毛泽东文集（第7卷）[M]. 北京: 人民出版社, 1999: 226.

展中起到了巨大的推动作用,邓小平提出通过发展科技以提高劳动生产率,这就需要把教育与生产劳动相结合,培育高素质人才,培养社会主义建设的人才,他指出:"为了培养社会主义建设需要的合格的人才,我们必须认真研究在新的条件下,如何更好地贯彻教育与生产劳动相结合的方针。"①

4. 20世纪末的教育与生产劳动相结合思想

1995年颁布的《中华人民共和国教育法》,确立了教育与生产劳动相结合的教育方针的法律地位。世纪之交,社会日新月异,科学技术不断发展,市场经济体制改革不断深化,劳动有了全新的内涵与外延。江泽民指出,传统"象牙塔"式的教育已不能适应时代的需要,强调要理论联系实际,教育要与劳动实践相结合,做到学以致用,在1994年的全国教育工作会议上江泽民特别强调"教育与生产劳动相结合是坚持社会主义教育方向的一项基本措施"。②

5. 21世纪初的教育与生产劳动相结合思想

进入21世纪,胡锦涛提出了"以人为本"的科学发展观,在社会经济的发展中凸显了人的主体地位,可持续发展的理念也日益成为各国经济发展的共识。胡锦涛强调要大力提升劳动者的素质和能力,要实现体面劳动,要充分保障劳动者的权益。这一时期教育的重心是全面实施素质教育,2010年,胡锦涛在全国教育工作会议上指出:"要促进学生全面发展,优化知识结构,丰富社会实践,加强劳动教育,着力提高学习能力、实践能力、创新能力,提高综合素质。"③

二、新时代劳动教育思想的具体内涵

党的十八大以来,以习近平同志为核心的党中央充分肯定"教育同生产劳动相结合"的理念,并把劳动教育放到了更加突出的位置,就新时代劳动教育,培养时代新人,都作出了具体的指示和提出了明确的要求。习

---

① 邓小平. 邓小平文选(第2卷)[M]. 北京:人民出版社,1994:107.
② 江泽民. 江泽民文选(第1卷)[M]. 北京:人民出版社,2006:372.
③ 胡锦涛. 胡锦涛同志在全国教育工作会议上的讲话[N]. 新华社,2010-9-8.

近平总书记对劳动问题进行了一系列论述，歌颂劳动的伟大，强调劳动的价值，指出幸福是靠劳动创造出来的，建成富强民主文明和谐的社会主义现代化国家，根本上靠劳动、靠劳动者创造。对于青少年的教育，他认为要加强教育和引导，让广大青少年尊重劳动，崇尚劳动，热爱劳动，把教育与生产劳动相结合，积极培养"德智体美劳全面发展的社会主义建设者和接班人"。①

在2019年的学校思想政治理论课教师座谈会上，习近平总书记提出要将教育"同劳动生产和社会实践相结合，加快推进教育现代化，建设教育强国"。②这些精神和指示是教育与生产劳动相结合思想在新时代的凸显和重大发展，是对马克思主义劳动观、中国共产党人劳动教育思想的创新性发展和创造性转化，是习近平新时代中国特色社会主义思想的重要内容，为新时代大学生劳动教育提供了根本遵循，这也充分体现了以习近平同志为核心的党中央高度重视新时代的劳动教育。

（一）"五育"育人教育理念

马克思曾经指出通过教育与生产劳动相结合来促进人的全面发展，他说："生产劳动同智育和体育相结合，它不仅是提高社会生产的一种方法，而且是造就全面发展的人的唯一方法。"③马克思提出人的全面发展离不开智育和体育。习近平总书记在2018年的全国教育大会上指出，要"培养德智体美劳全面发展的社会主义建设者和接班人"。《中共中央国务院关于全面加强新时代大中小学劳动教育的意见》指出："劳动教育是国民教育体系的重要内容，是学生成长的必要途径，具有树德、增智、强体、育美的综合育人价值。"④这些论断，为新时代劳动教育提供了行动指引。

---

① 习近平. 坚持中国特色社会主义教育发展道路培养德智体美劳全面发展的社会主义建设者和接班人[N]. 人民日报，2018-9-11(1).
② 习近平主持召开学校思想政治理论课教师座谈会[N]. 新华社，2019-3-18.
③ 马克思，恩格斯. 马克思恩格斯全集(第23卷)[M]. 中共中央马克思恩格斯列宁斯大林著作编译局，编译. 北京：人民出版社，1972：530.
④ 中共中央、国务院关于全面加强新时代大中小学劳动教育的意见[EB/OL]. (2020-03-26) [2023-10-28] http://www.gov.cn/zhengce/2020-03/26/content_5495977.htm.

劳动具有综合的育人作用，可以树德、增智、强体和育美。劳动教育科学地揭示了美的根源在于劳动的真理性认识，并通过主观见之于客观的实践活动不断地培养审美观念、提升审美旨趣、充实审美体验，体现了合规律性与合目的性的统一。

新时代劳动教育突出"五育融合"，把劳动教育融入德、智、体、美"四育"之中，五个方面教育相互渗透、协调发展，并且把劳动教育贯穿于我国人才培养的全过程，将劳动教育纳入人才培养的总体要求之中，并且将劳动教育置于引领地位，从而实现以劳树德，以劳增智，以劳强体，以劳育美，以促进学生的全面发展和健康成长。

（二）"四最"劳动教育理念

习近平总书记在2018年全国教育大会上指出："要在学生中弘扬劳动精神，教育引导学生崇尚劳动、尊重劳动，懂得劳动最光荣、劳动最崇高、劳动最伟大、劳动最美丽的道理，长大后能够辛勤劳动、诚实劳动、创造性劳动。"[1]

这一重要论述，深刻揭示了劳动教育的内在价值和劳动教育的重大作用，是对马克思主义劳动观的重大发展，也是新时代党对劳动教育的根本要求，将马克思主义的劳动观、劳动价值观、劳动教育观提升到新高度。新时代的劳动教育，首要任务就是让学生牢固树立"四最"的劳动价值观，自觉克服不劳而获、贪图享乐、一夜暴富等错误思想的侵蚀和影响，在实践中砥砺勤俭、奋斗、创新、奉献的劳动精神。

（三）"三种精神"教育理念

2013年4月至2016年4月，习近平总书记先后提出了"劳模精神""劳动精神"和"工匠精神"，并诠释了三种精神的内涵。2017年2月，通过了《新时期产业工人队伍建设改革方案》，其中指出要"大力弘扬劳模精神、劳动精神、工匠精神。"三种精神并列出现在文件中，在党的十九大报告以及劳模表彰大会等讲话中，习近平总书记多次强调了这三种精神，

---

[1] 习近平. 坚持中国特色社会主义教育发展道路 培养德智体美劳全面发展的社会主义建设者和接班人[N]. 人民日报, 2018-9-11(1).

号召全社会弘扬劳模精神、劳动精神、工匠精神。这体现了习近平总书记对劳动的高度尊崇，同时也体现了对广大劳动者的赞扬。

（四）"三类劳动"教育理念

《中共中央国务院关于全面加强新时代大中小学劳动教育的意见》中将劳动教育分为三类，包括日常生活劳动、生产劳动和服务性劳动教育。通过日常生活劳动教育，主要是培养学生的日常劳动习惯，增强学生在日常劳动中自立自强的意识。日常生活劳动教育有利于学生的身心健康发展，也有利于以后走上社会适应职场生活。通过生产劳动教育，一方面进行校内专业生产实践，另一方面走向田间地头，可以感受生活、感受劳动。通过服务性劳动教育，培养学生的服务意识和奉献精神，从而形成正确的三观，利于学生更好地服务他人、奉献社会。三类劳动教育的内容有所不同，侧重培养的品质不同，在大中小学各学段的教育中要有所侧重，不能偏废。

三、新时代的劳动教育论

（一）实干兴邦的劳动价值论

劳动作为人类生存的活动方式，劳动至上是马克思主义的基本原则，而劳动价值论也是马克思主义政治经济学的理论基石。劳动的重要价值在习近平总书记的重要论述中得到多次体现，如"实干首先就要脚踏实地劳动。"[1]此外，习近平总书记还强调，社会主义是干出来的，新时代是奋斗出来的。他也多次深情寄语于新时代劳动者，在全面建设社会主义现代化国家的伟大征程中，给广大劳动群众提供更好的机遇和更多施展才华的舞台。因此，希望广大劳动者要努力奋斗，自觉在劳动中体现价值、展现风采、感受快乐，进而以劳动托起中国梦。

劳动创造价值，其中蕴含有个人和社会两个层面的价值体现。个人的财富皆是由劳动所创造的，劳动是通往成功的必经之路，是迈向美好幸福生活和国家繁荣昌盛的中流砥柱。从中华民族的创造到铸就辉煌的历史，

---

① 习近平. 在同全国劳动模范代表座谈时的讲话[N]. 人民日报，2013-04-29（002）.

这一路走来都离不开劳动的突出贡献。因此，劳动创造的价值也必然是中华民族未来光明前景的充分展示。新的历史和未来都是靠人民的辛勤劳动创造出来的，作为新时代的大学生，要坚定地树立起"实干兴邦"的价值理念，不断提升自身的知识素养，在思想上不断提升对劳动创造人生价值和社会价值的高度认同感。

（二）创造伟大的劳动创新论

"劳动光荣、创造伟大"这一思想是马克思主义劳动观的重要组成部分，既指明了人类文明实现进步的重要动力，也形成了蕴含在中华民族血脉里不断催人奋进的精神基因。习近平总书记历来高度重视创新创造，多次礼赞劳动创造，讴歌在社会上起重要引领作用的"三大精神"，即劳模精神、劳动精神、工匠精神。他也多次阐明创造性劳动和创新性劳动在社会发展过程中扮演着不可或缺的角色，勉励广大劳动者勤于创造、勇于奋斗。他指出，人民创造历史，劳动开创未来。

新时代是一个千帆竞发、百舸争流，有机会干事业、能干成事业的时代。[①]中国梦的早日实现，最终要依靠一代代劳动者的接续奋斗和创造，这其中就包括了对国家和社会发展起关键性作用的青年大学生。因此，高校要将具有强烈的社会责任感和过硬的创新实践能力作为培养目标，培养各种高级专门人才，发展科学技术文化。攻克技术难题，转变创新发展方式，需要作为生力军的大学生发挥主体作用，弘扬创造性劳动精神，"让劳动光荣、创造伟大成为铿锵的时代强音"[②]，不断提升创造能力和创新能力，才能更快贴近目标，实现最终任务。

（三）诚实勤勉的劳动诚实论

诚实劳动作为古今中外最基本的劳动道德规范，是中华民族千年来不断取得快速进步的精神文化基因。面对当代社会经济的快速发展，劳动者应在经济社会建设中切实将诚实劳动的道德理念付诸实践，将身上所肩负的责任与义务，贯穿于劳动实践之中，注重提升诚实劳动的思想境界，

---

① 习近平. 之江新语[M]. 杭州：浙江人民出版社，2007：82.
② 习近平. 在庆祝"五一"国际劳动节暨表彰全国劳动模范和先进工作者大会上的讲话[N]. 人民日报，2015-04-29（002）.

这是实现助力经济发展、促进社会和谐稳定的前提基础。习近平总书记对"诚实劳动"给予充分肯定,强调了它不仅是实现"人世间的美好梦想"的必然要求,也是解决"发展中的各种难题"的必然选择,还是铸就"生命里的一切辉煌"的必要条件。[1]

诚实劳动作为劳动道德的基本要求,对人们的行为具有规范和调节作用。因此,习近平总书记强调,在全社会上要"让诚实劳动、勤勉工作蔚然成风。"[2]在2018年的全国教育大会上,他再次强调,要在学生"长大后能够辛勤劳动、诚实劳动、创造性劳动。"[3]因此,劳动教育第一次被列入党的教育方针之中,推动"五育"协同发展,这不仅体现了新时代党的教育方针的创新性发展,也是在新时代背景下大力弘扬劳动精神和深化劳动教育理念的集中反映。

(四)快乐源泉的劳动幸福论

劳动幸福观是指人们对于劳动和劳动幸福所表现出来的态度与看法。劳动是中华民族的传统美德,是中国人世世代代传承下来的精神血脉。集体或是个人的劳动,都会让人感到身心愉悦,让人的价值得到充分体现。马克思将"人民的现实幸福"作为其幸福观的基本价值诉求,从而使幸福成为个人幸福与社会幸福、物质幸福与精神幸福的有机统一,由此创设了"劳动创造幸福"的观点。所以,劳动是人们创造和获得自身物质幸福和精神幸福的根本途径和基本条件。习近平总书记明确指出,"光荣属于劳动者,幸福属于劳动者""劳动是一切幸福的源泉。"[4]

劳动对于国家来说是实现中国梦的根本实践方式,而个人对于劳动的不同理解会直接影响个人获得幸福的实现路径。在习近平总书记看来,劳动作为人生存发展的基本手段和存在方式,是人们在社会发展中创造幸福的原动力和获得快乐的重要基础。而劳动幸福是精神与物质的结合体,是

---

[1] 习近平. 习近平谈治国理政(第1卷)[M]. 北京:外文出版社,2018:46.
[2] 习近平. 给中国劳动关系学院劳模本科班学员的回信[N]. 人民日报,2018-05-01(1).
[3] 习近平. 在全国教育大会上强调坚持中国特色社会主义教育发展道路培养德智体美劳全面发展的社会主义建设者和接班人[J]. 党建,2018(10):4-6.
[4] 习近平. 在全国劳动模范和先进工作者表彰大会上的讲话[N]. 人民日报,2020-11-24.

人们实现物质自由和精神自由的最高追求和最终目标。因此，人唯有将个人幸福与国家兴旺相结合，才能达到个人幸福和社会幸福的相统一，进而实现真正的幸福。

劳动实践是劳动幸福观形成发展的重要途径。幸福不是靠凭空想象出来的，梦想也不是靠敲锣打鼓就能轻松实现的，一切幸福都是奋斗出来的。实现中国梦、民族梦以及个人梦的前提，必须立足于"劳动"这一实践基础，才能以中国式现代化全面推进和实现中华民族伟大复兴的中国梦。广大青年学生，可以在劳动实践中收获丰富的创造性成果，进而将其升华为审美愉悦，从而衍生出独属于人的获得自由全面发展的幸福感。

习近平总书记的劳动幸福论，凸显了劳动的育人价值，并成为大学生参与劳动实践的理论遵循，为广大劳动者践行"劳动创造幸福"理念提供了实践指引。

（五）崇尚劳动的劳动教育论

近年来，在青年当中出现的一些不良现象，如有部分大学生对劳动成果持有不珍惜的态度，甚至每天只想着"躺平""摆烂"，形成了不爱劳动的错误观念，从而导致自身失去竞争先机，最终被社会所抛弃。劳动教育随着时代的变化也面临着不同的困境，当前的根本问题是："劳动教育正在被淡化、弱化。"[①]针对此问题，习近平总书记强调要"让他们从小就树立起辛勤劳动、诚实劳动、创造性劳动的观念。"[②]同时，大学生也要及时把错误的思想观念纠正过来，提高对信息的辨别能力，杜绝一些不良的思潮在他们的思想里蔓延。当代青年的发展程度与国家未来前途密切相关，长远大计不容忽视。因此，必须在一个完整的"劳动育人"格局中，推进"五育"协同发展，完成培养堪当民族复兴重任的时代新人的育人使命。

习近平总书记关于新时代劳动教育的重要论述，不仅是对马克思主义劳动教育思想的继承和发展，也是对新中国成立以来我们党的劳动教育理论与实践的总结和创新，为做好新时代高校育人工作指明了前进方向。

---

① 中共中央国务院关于全面加强新时代大中小学劳动教育的意见[N].人民日报，2020-03-27(01).
② 中共中央文献研究室.习近平关于青少年和共青团工作论述摘编[M].北京：中央文献出版社，2017：23-24.

四、新时代劳动教育思想的时代意义

（一）发展了马克思主义劳动教育思想

习近平劳动教育观通过对马克思主义的基本认识方法——辩证唯物主义和历史唯物主义的借鉴，在马克思"教育与生产劳动相结合""教育促进人的全面发展"等劳动教育思想的基础上，与新时代我国劳动教育的现实困境和现存问题的具体实际相结合，形成习近平劳动教育观。马克思主义强调劳动是生命基础的层级，提升为幸福和成功的高度，指出劳动是幸福的源泉，只有劳动才能成功，赋予劳动教育更高级别的追求和更特殊化的时代内涵。[①]马克思指出劳动维持生存，实现个人自由发展的目标向度中，进一步指出要实现劳动者的体面劳动，促进劳动者的全面发展。综上所述，习近平劳动教育观继承了马克思主义劳动教育思想，同时也弘扬和发展了马克思主义劳动教育思想，使之更贴合当今社会的具体实际。

（二）部署了新时代劳动教育的总体要求

习近平劳动教育观内在指明和部署了新时代劳动教育在目标层面的具体要求以及在现实层面的教育体系地位问题。首先，在劳动教育的目标层面，习近平总书记围绕教育的目标、方向、任务，结合新时代如何培养，怎样培养，培养什么样的人才等问题，对构建完整的劳动教育体系，实施素质教育，重视对学生劳动价值观、知识及技能、劳动情感意志等方面的培养做了明确的目标指示。要求学生崇尚尊重劳动，理解劳动光荣、伟大、崇高且美丽。在劳动实践中能够践行勤劳、诚实、创新的基本要求，培育和造就服务于新时代的高素质劳动者。其次，劳动教育在教育体系中的地位问题也进行了准确的定位，重新将劳动教育规划到教育体系之中，提出了"五育并举""五育并重"的要求，将劳动教育与其他四育定位于同一层级。在明确劳动教育与其他四育并重的同时，也指出劳动教育对其他四育的重要价值。综上所述，习近平劳动教育观在教育定位和教育战略

[①] 常胜.马克思劳动观的三重维度及其现实意蕴——兼论习近平的劳动观[J].思想政治教育研究，2020，36（01）：25-29.

上都对劳动教育做出了整体战略规划和具体目标要求，助推劳动教育到达崭新高度。

（三）赋予了劳动教育思想新的时代内涵

劳动是一个宏观的概念，是随着社会发展和时代更迭而不断与时俱进的，而与之相对应的劳动教育在不同的时代也会具备不同的时代内涵。伴随着中国特色社会主义进入新时代，人工智能、互联网、云计算等科学技术的逐渐普及和发展，致使在社会实践中体力劳动的占比逐渐降低，而智力劳动的要求逐渐攀升。[①]习近平劳动教育观在此种背景下应运而生，赋予了劳动教育新的时代内涵。一方面，在地位上习近平劳动教育观将劳动教育的地位特殊化，将劳动教育从以往作为其他四育的途径和载体的藩篱中解放出来，重视劳动教育，实现"五育并举"。另一方面，在目标要求上赋予了劳动教育新的指向。习近平劳动教育观指出新时代的劳动教育不是以往带有惩戒性质的教育，也不单单是侧重劳动技能方面的教育，而更为重要的是对受教育者思想价值理念方面的提升。劳动教育实现面向以高科技、智能化、机械化、自动化的劳动样态的时代转向，是习近平劳动教育观赋予劳动教育的崭新的时代内涵。

[①] 赵浚，田鹏颖.新时代劳动精神的科学内涵与培育路径[J].思想理论教育，2019（09）：98-102.

下篇　培育篇

第七章　工匠精神培育的必要性

第一节　工匠精神培育的现实缺失

一、社会认同理论

（一）认同

认同是指主观认识与客观身份的一致，心理学认为，认同是一个人将其他个人或群体的行为方式、态度观念、价值标准等，经由模仿、内化，而使其本人与他人或群体趋于一致的心理历程。弗洛伊德（Sigmund Freud）认为认同是个体外界的人或群体逐渐趋同的过程，体现在心理层面和行为层面。埃里克森（Erik H Erikson）认为认同是自我同一性，自我作用形成同一，同一进一步促使自我的构建。

社会学认为认同具有社群性，是指向群体的一种心理稳定感，强调个体的身份地位与社会之间的关系。章人英认为认同是个体在社会交往中，接受他人的观念、情感或行动方式的同化过程，常用以表示个体成员是否期望融入所在群体的行为规范和价值标准中的期望或意愿，对其进行社会化的过程。[1]安东尼·吉登斯（Anthony Giddens）认为认同与人们对于自身和环境的理解有关，个人的各种身份都会影响到认同的构建，如性别、民族等，他将认同的概念拓展到了社会哲学层面。[2]

总的来说，认同是一个动态的过程，是个体与所在群体在认知、情感、价值观上的同化过程，价值认同对认同的构建起关键作用。认同还具

---

[1] 章人英.社会学词典[M].上海：上海辞书出版社，1992：174
[2] 安东尼·吉登斯.现代性与自我认同[M].赵旭东，方文，译.北京：三联书店，1998.

有多面性，既包括社会认同又包括自我认同。

（二）职业认同

心理学家埃里克森提出自我"同一性"理论。[①]在此基础上学者发展了职业认同概念，有学者认为职业认同是个体在职业范畴上对自我身份的认定，是在工作过程中对其职业角色逐步形成的稳定而积极的认识，情感和行为倾向。

国内学者高艳等认为职业认同是个体在职业环境的实践过程中逐步确立起来的自我认知，是个体在职业世界中的定位。[②]魏淑华等通过对教师群体进行研究，认为职业认同是教师对其职业的积极态度，是教师对其职业及内化角色的积极认知、情感体验和行为的综合体。[③]

安秋玲认为职业认同是个体在了解其职业特性的基础上，积极并稳定地投入自身所从事的工作，在工作过程中所获得的关于其职业身份的积极情感体验。[④]

综上，职业认同是个体在职业范畴上对自我身份的认定，是在工作过程中对其职业角色逐步形成的稳定而积极的认知、情感和行为倾向。

（三）社会认同

社会认同理论最早是由亨利·塔伊费尔（Henri Tajfel）和约翰·特纳（John Turner）等人提出的，是对群体行为和群体关系进行研究的主要理论，这一理论源于种族中心主义和现实冲突理论，Tajfel等人在对群体研究的基础上，提出了社会认同理论，认为群体行为的基础在于个体对群体的认同。

首先，塔伊费尔和特纳区分了个体认同与社会认同，认为个体认同是

[①] 埃里克森. 同一性：青少年与危机[M]. 孙名之, 译. 杭州：浙江教育出版社, 1998: 83-84.

[②] 高艳, 乔志宏, 宋慧婷. 职业认同研究现状与展望[J]. 北京师范大学学报（社会科学版）, 2011 (04): 47-53.

[③] 魏淑华, 宋广文, 张大均. 我国中小学教师职业认同的结构与量表[J]. 教师教育研究, 2013, 25 (01): 55-60, 75.

[④] 安秋玲. 社会工作者职业认同的影响因素[J]. 华东理工大学学报（社会科学版）, 2010, 25 (2): 39-47.

指对个人的认同作用,或通常说明个体具体特点的自我描述,是个人特有的自我参照;而社会认同是指社会的认同作用,或是由一个社会类别全体成员得出的自我描述。他认为社会认同就是指个体对他属于某一特定的社会群体以及获得的群体成员资格而带来的情感和价值观的重要性理解,而社会认同是与在同一社会分类中的自我鉴定有关的,特纳进一步提出了自我归类理论,对塔伊费尔的社会认同理论进行了补充,他认为人们会自动地将事物分门别类,因此在将他人分类时会自动地区分内群体和外群体。这种分类便于在社会结构中理解群体人员的身份,他们所能接触到的资源以及他们应该怎么样被对待,并且有助于人们的人际交往更加和谐,在不同的社会分类中的每个成员都是一个社会认同。

社会认同理论是通过结合社会学和心理学的"认同"思想,逐步形成的一套理论体系。社会认同理论认为人们倾向于在社会框架内进行自我描述,并将自己与他人归入不同的社会分类中。社会认同涉及群体成员对群体资格和相对应的价值、情感体验,这构成了自我概念的一部分。

社会认同理论阐释了个体通过社会分类、社会比较、积极区分等过程,获得其所属的群体资格,对他的社会认知、社会态度和社会行为进行作用。个体自我概念的获得离不开对自我群体资格的确认和对群体的情感态度体验,当人们进行社会交往时,更大意义上是作为不同的群体,带有强烈的身份特征,而不是独立的个体。在社会交往中,人们获得自尊的方式往往来自于与其他群体的比较,当获得有利的比较后,社会认同就得以形成、巩固。

社会认同理论强调社会群体资格被激活和凸显,以此来引导和调节社会行为。个体提高自尊,获得积极的社会认同(指个体对自我的总体评价,包括自我价值、重要性和能力等),部分源自其群体资格以及对我群体的积极评价,而对我群体的评价则基于和他群体的比较。获取积极的社会性自我评价是人们的内在意愿,倘若受限于现实环境个体无法采取向上流动的策略来达成目标,在提高社会认同的动机下,低地位群体成员的集群行为便会产生。

社会认同理论指出,个体的自我感觉很大程度上是基于社会角色的扮演以及他人对角色的评价，职业作为个体重要的社会身份，对个体心理感知的影响尤为重要。当所从事职业具有被外界诟病的污名时，从业者往往能有所察觉，其所感觉到的职业被公众赋予负面评价的总体程度即为职业污名感知。

二、职业污名

（一）歧视知觉

当下，我国社会的职业污名化现象不断增加，污名化带来的负面影响愈发严重。产业工人活跃在生产一线，工作环境和作业条件的艰苦让很多人对该职业群体赋予"不好"的特征，"打工仔"的称呼、公共交通中的退避等让产业工人进一步意识到自身的"不受欢迎"，因而我国制造业产业工人往往被歧视拥有较高程度的职业污名。

歧视既是一种心理知觉亦是一种事实行为，是主流群体对劣势群体的不公平或不平等对待。

歧视知觉是客观歧视的内在体验，有时表现为实际的敌对行为或言语表达，有时表现为否定消极的态度，这是一种长期不合理的社会规律[1]。有研究表明，个体在日常生活中感知到的歧视会明显高于其实际经历的歧视[2]。歧视知觉表现为主观感受，是主体自身对所受到的不公正或区别对待的感受，区别对待既有实际的行为举止，也有抵抗的态度或不恰当的社会制度，个体因受到不公平待遇而感受到一种伤害性和消极性。

歧视知觉会使个体失去自尊感和信心，不利于建立积极的身份认同。若个体的自尊需求得不到满足，他们就会降低对该职业的认可，甚至远离该职业。歧视知觉还会使员工产生厌恶、羞愧等消极情绪和工作压力，表现出职业倦怠及职场退缩行为。[3]根据社会认同理论，歧视知觉所导致的消

---

[1] 刘霞, 赵景欣, 师保国. 歧视知觉的影响效应及其机制[J]. 心理发展与教育, 2011, 27(02): 216-223.

[2] 李海燕, 申继亮, 王晓丽, 等. 歧视知觉比贫困更值得关注——从两者对贫困与非贫困儿童行为的影响来谈[J]. 中国特殊教育, 2011(02): 83-89.

[3] 张斌, 徐琳, 刘银国. 组织污名研究述评与展望[J]. 外国经济与管理, 2013, 35(03): 64-72.

极体验会给卑微工作者带来负面的职业认知与评价，从而导致较低的职业认同。

（二）污名

在古希腊时期，污名是指人们将刻在或烙在奴隶或罪犯身上的，以表示其社会等级的印记，带有这种标记的人不受大家欢迎，甚至会受到蔑视和疏远。戈夫曼（Goffman）是在社会学领域提出并研究污名的第一人，认为污名是个体具有的不被信任不受欢迎和不光彩的特征，从而使个体在社会交往中感到"丢脸"。

人在进化生存中必然有着某种缺陷，为了降低缺陷的负面影响，本能地欲将具有缺陷的人排除在群体之外，因此，污名化是人类在进化过程中的必然产物。污名可区分为自我污名和公众污名，自我污名是自我低评价或自我低效能，公众污名是指社会对特定群体的歧视和不公正对待，给特定群体贴上带有侮辱性和贬低性的标签，而使得这一特定群体拥有被贬抑的属性和特质。通过标签化划分，将自身与其他群体进行区别，并结合现实中的主流文化将标签化群体与某些特征相关联，形成消极的刻板印象，进而实现"我"与"他"的类别区分，使标签化群体感受到身份歧视。

污名是一种社会认知偏差，通过歧视、贴标签等形成刻板印象。刻板印象是公众对社会某群体的认知结构，包括知识、观念、期望等方面，是有关某一群体成员特征的固定看法。当公众对某一群体的刻板印象不断加深到一定程度，很容易产生偏见和歧视，并远离、疏远这类群体，从而将这类群体污名化。

（三）职业污名

职业污名是污名研究的重要分支，最初是源于肮脏工作的研究，休斯（Hughes）最早提出肮脏工作的概念，认为所谓肮脏工作是指工作内容在身体或道德等方面有污点特征而被歧视的职业。[1]阿什福斯（Ashforth）和克雷纳（Kreiner）将肮脏工作分为身体肮脏工作（不卫生或危险）、社交

---

[1] HUGHES E C. Work and the self [J]. Social Psychology at the crossroads. New York: Harper & Brothers, 1951: 313-323.

肮脏工作（有损身份）、道德肮脏工作（道德败坏）三类。

从工作本身的特征来看，克雷纳等则认为每一个职业都有被污名化的现象，只是现实生活中不同的职业被污名化的程度有所不同。[①]在某种程度上，职业污名即等同于肮脏工作。

从自我认知视角来看，职业污名是指从业者感知到的他人对自己的固定看法。从业者意识到自己的工作内容具有污名化的特征，并且感知到外界因为这些特征对他们有了不公平的对待。

基于社会认同理论，当污名化的从业者意识到他们的工作是如何被社会所看待，会努力采取措施调整身份以逃避歧视。职业污名会导致外界对职业的贬低歧视，进而降低从业者的职业认同。当职业成为认同威胁和自尊损失的主要原因，那么离职变成从业者应对职业污名的主要选择。已有的研究表明，经历了职业污名带来的负面情绪后，从业者会表现出职业倦怠、成就感低落和离职意愿增加。[②]

职业污名越强，产业工人从职业中获得的自尊感越弱，这与其对自身职业以及该职业可合理承受污名程度的认知相互矛盾，但他人对自身职业的贬损和刻板印象难以改变，认知失调导致产业工人对工作进行重新审视。职业作为从业者遭受社会污名的主要缘由，也是其资源贬损时的关键资源，因此，面对职业污名，降低自身职业认同可能会成为个体应对的选择之一。

产业工人对于自己的职业的认同与否关系到其工作的态度和行为。对自身所从事职业较低的认同，会降低产业工人的内在工作动机，使其在对待工作发展及行为上难以保持积极的态度，同时低职业认同所激发的强烈不满和愤怒感使其外化在工作中的投入度降低，难以保持高度的工作热情和精力。职业认同感越弱，员工自我效能感和工作幸福感越低，同时拥有更高的离职倾向。

---

① KREINER G E, SLUSS D M. Identity Dy namics in Occupational Dirty Work: Integrating Social Identity and System Justification Perspectives [J]. Organization Science, 2006, 17(05): 619-636.

② PONTIKES E, NEGRO A, ROA H. Stained red: A study of stigma by association to blacklisted artists during the "Red Scare" in Hollyword, 1945 to 1960 [J]. American Sociological Review, 2010,75(03): 456-478.

制造业产业工人感知到自己所从事职业被外界诟病，形成较强的职业污名，会激发负面情绪的产生，这与其自身对职业的认知相矛盾。为降低这种认知失调，在难以改变公众态度的情况下，产业工人会选择改变自身态度，降低职业认同。而较低的职业认同会进一步负向影响工匠精神的培养和执行。

当意识到职业污名存在时，辛勤劳动的产业工人易形成心理落差，可能降低工作投入和工作质量，从而对其工匠精神产生影响。同时，为了减缓职业污名感知形成的心理落差，维持个体积极的自我概念，产业工人往往形成对职业的不认同感，导致其在工作中的消极行为和状态，进一步影响工匠精神。由此可见，职业污名、职业认同、工匠精神间存在相关关系。

三、强化职业认同，培育工匠精神

工匠在追求完美、精益求精的过程中进行生产创造，需要消耗一定的资源，根据资源保存理论，劳动者在生产过程中具有获取与保护其所珍视的资源的意愿和倾向。当职业污名对个人产生负面影响时，劳动者会面临资源损失的威胁，从而导致劳动者产生对资源保护的行为。为了避免资源损失，劳动者会减少其他领域对资源的消耗，从而导致劳动者减少对工匠精神的培育和践行，可见，职业污名对产业工人的工匠精神的培育产生了负向的影响。

（一）面子文化影响着职业认同

大多数中国人在职业工作过程中，存在着一种面子文化，所谓面子，就是劳动者在生活工作中所感受到的被尊重和恭敬的一种主观感受。人们常常会把面子和工作结合起来，从事体面的工作会给自己和家人带来脸面。从事卑微工作的劳动者在面子文化的影响下更加注重外界对自身职业的看法和态度，对外界的负面评价也较敏感。当然面子水平因个体差异而有高低的不同，劳动者对歧视知觉产生的认知和评价也不同。

根据社会认同理论，面子水平高的个体在一定程度上会更在乎外界对所属群体的看法和评价，渴望通过其职业身份获得尊重和认可，他们维持积极的自我概念和自尊的需求更大。面对相同的歧视，他们自尊受损程度更深，心理落差会更大，歧视知觉会使他们更加挫败，难以与其职业建立深刻的情感纽带，因此会降低对其职业的认可，造成个体较低的职业认同。因此，对于高面子水平的个体而言，歧视知觉对职业认同的负向影响会增强。相反，低面子的从业者不在乎自身职业或工作的地位和名誉，较少关注社会公众的歧视。因此，对于低面子的从业者而言，歧视知觉对职业认同的影响较小，歧视知觉对职业认同的负向影响会减弱。

（二）职业污名与工匠精神

职业污名会降低劳动者的工作幸福感和满意度[①]，而且与工作投入和工作热情等呈负向关系。职业污名感知水平越高劳动者越不愿意对他人表明自己的职业身份和推荐自己的工作，离职意愿也越强。在这样的情况下，劳动者自然不能专注于自身的工作，也很难具有爱岗敬业的工作态度，更难以去培育工匠精神了，显然，职业污名感知不利于工匠精神的培育和发展。

我国制造业产业工人数量庞大，是推动社会经济发展不可缺少的动力源泉，理应得到尊重。职业污名的客观存在使得产业工人形成较大的心理落差，其所激发的消极情绪难以满足员工的基本心理需求，使产业工人对自身职业重新进行审视，降低了对被"污名化"职业的认同感，这与莱（Lai）等提出的职业污名与员工离职倾向显著正相关[②]。进一步地，较低的职业认同会激发消极情绪的产生，从而影响产业工人的工作积极性和工作投入度，不利于其工匠精神的形成和发展。此外，有研究发现，家庭支持和组织支持能够弱化职业污名对产业工人的职业认同和工匠精神的消极作用。[③]家庭支持和组织支持在职业污名影响工匠精神的过程中呈现负向调

---

① 朱永旺,王世贤,欧阳晨慧.职业污名对工匠精神的抑制效应：来自制造业产业工人的实证研究[J].江苏大学学报(社会科学版),2023：90.
② 李红玉.技能人才职业污名对工作退缩行为的影响研究[D].北京：北京交通大学,2021：16.
③ 朱永旺,王世贤,欧阳晨慧.职业污名对工匠精神的抑制效应：来自制造业产业工人的实证研究[J].江苏大学学报(社会科学版),2023：99.

节作用，同时调节职业污名通过职业认同对工匠精神的间接影响。[①]

人的生活可以分为三大领域，即公共生活、职业生活和家庭生活。当产业工人在公共生活领域由于职业污名产生压力及消极情绪时，家人以及组织层面获得的被尊重、被肯定的感受能够抚慰工作中的疲惫，减缓这种消极影响，从而获得正面情感提升工作效率的心理投入，对自身职业的认同也会因为家庭、工作领域给予的支持而增强，工作幸福感等积极情绪的产生会激发员工的创新思维和工作兴趣，促使其加大工作投入，用新方法更出色地完成工作，利于工匠精神的培育和发展。

（三）提高职业认同感，培育工匠精神

产业工人作为实施制造强国的有生力量，其工匠精神的培育对我国制造业高质量发展至关重要。因此，企业和政府应积极主动地促进工匠精神的培育。

对于企业而言，管理者要充分认识到外界对于行业或者职业的负面评价会影响处于其中的产业工人的工作认知，从精神和物质层面帮助产业工人积极应对可能的职业污名感知，在组织层面给予他们更多的关怀和支持，关注他们的职业发展和薪酬待遇；举办有助于家企互动的活动，让产业工人家属充分了解其工作并形成良好的认知，给予家庭层面的支持，与企业共同促进产业工人的工匠精神培育。

对于政府而言，一方面需进一步加强舆论引导，提高产业工人的荣誉感和职业认同感，并通过完善技能大赛，充分发挥获奖人才的榜样力量，以点带面，增强全社会对产业工人的正面认知；另一方面，政府要积极探索有效举措，引导和要求企业提高产业工人的薪酬水平，为产业工人提供更好的职业发展空间，从根本上提升产业工人的职业认同感和组织支持感，让工匠精神的培育能够真正落地。

[①] 朱永旺，王世贤，欧阳晨慧.职业污名对工匠精神的抑制效应：来自制造业产业工人的实证研究[J].江苏大学学报（社会科学版），2023：99.

第二节　工匠精神的当代价值

一、培育工匠精神，促进经济发展

国家经济竞争力的提升需要强大的精神资源。"工匠精神"就是一种能促进国家经济竞争力提升的精神资源，在企业转型升级，产品质量提升等方面都能发挥积极的促进作用。

（一）工匠精神是助推制造业转型升级的助推器

中国的制造业十分发达，有"世界工厂"之称。2022年，中国工业增加值突破40万亿元人民币大关，占GDP比重达到33.2%。[①]

自2010年以来，中国制造业增加值已连续13年世界第一。制造业关系着国家经济命脉，推动制造业高质量发展是建设现代化经济体系的内在要求，中国制造业作为国家的支柱产业，一直保持较好的发展态势。

在经济全球化的大环境下，各国制造业竞争日益激烈，为了取得竞争优势，制造业急需转型升级。中国制造业凭借劳动力成本低，在劳动密集型产业领域具有一定的竞争力，但随着中国人口红利的消失，人工费用的增长，传统制造业依靠人力发展的道路已经越走越窄。而且在很长一段时间忽视了产业的更新换代，技术开发与技术创新能力比较薄弱，中国是制造大国，却是品牌弱国，当前，我国制造业发展步入爬坡过坎的攻坚阶段。

鉴于当前中国的制造业在外贸和内需方面面临的困境，制造业转型升级已刻不容缓，尤其是对人才的需求在"质"上要有提高，培育具有工匠精神的高素质人才是制造业发展的有效路径，培育"工匠精神"，能够驱动中国制造业的转型升级。

1.工匠精神能培育人才，推动"制""度"转变

加强人才培养，提高制造业岗位对人才的吸引力。大力实施工程教育

---

① 吕大良, 蔡俊伟, 张培, 等. 中国制造年度实力榜——2022—2023年中国行业外贸竞争力研究报告[J]. 中国海关, 2023: 15.

体系创新，支持有条件的地区率先实行工程教育进中小学课堂，积极拓宽职业教育多元化升学通道，引导高校开设新工科专业，鼓励企业与各类院校开展产教合作，强化建设制造强国的人才支撑。

中国的经济发展进入了创新驱动阶段的关键时期，培育创新型人才，提升自主创新能力，推动经济发展，用工匠精神打磨制造业，实现制造业的转型升级，工匠精神的培育起着巨大的动力作用。通过培育工匠精神，能生产出优质产品，能打造自主品牌，能研制核心技术，为经济发展注入新动力，实现由制造大国向制造强国的转变；通过培育工匠精神，提升制造业从业者的职业精神和工作态度，在生产中追求卓越品质，追求精益求精，用人品打造精品，用精品奉献社会，严守质量门，实现产品从量到质的转变，从多到强的转变，推动"中国制造"向"中国质造"和"中国智造"转变。

2. 工匠精神能提高生产效率，推动产业结构升级

工匠精神的培育是我国产业结构转型的重要突破口，是制造业产业结构升级的重要"软件"支撑。工匠精神促进制造业产业结构升级的过程是推动制造业升级快速发展的过程。

工匠精神有助于激发劳动者的敬业和奉献以及创造能力，焕发企业的活力，提高全要素生产率，刺激市场功能的发挥。工匠精神适应了当前我国供给侧结构性改革发展的要求，有利于我国克服产能过剩的困境。工匠精神推动了自主创新与技术进步，同时也提高了劳动效率，促进了产业结构的升级。

随着工业技术和信息技术的发展，利用物联网进行个性化的制造业将成为可能。工匠精神可以使制造业行业追求精益求精，适应未来个性化定制的需求，推动制造业的全面升级。

（二）工匠精神是企业发展的催化剂

企业是市场经济的主体，企业的发展既有工业革命的影响，又有文化的影响。在市场经济条件下，有着文化内涵的工匠精神对企业的生产管理、文化建设等有着积极的影响作用。工匠精神的培育，能提高员工的专业技能，提升产品质量，增强企业的市场竞争力，避免被市场淘汰；工匠

精神的培育，能提升产品的品质，打造知名品牌，为企业赢得良好的口碑；工匠精神的培育，能使员工敬业乐业，乐于奉献，乐于服务，利于塑造优秀的企业文化。

建设市场经济的关键在于打造符合现代市场经济要求的企业。企业随着工业革命的发展而成长壮大，在特定的历史文化背景下生产发展，离不开文化的影响。在市场经济的发展过程中，工匠精神对促进企业生产、提升企业管理水平以及加强企业建设等方面有重要的作用。在企业生产层面，工匠精神让企业避免被市场淘汰的风险。工匠精神能够促使企业对产品不断完善，推动品质升级。

工匠精神是价值规范，也是一种价值职业观。如果企业只是一味追求产量而不顾质量，生产者就会机械地重复操作，会降低对产品质量的要求，最终也会让生产者产生职业倦怠。工匠精神强调产品的质量，要求生产者具有一丝不苟的工作态度，可以为生产者提供强劲的精神动力。工匠精神为企业生产者提供了职业发展的方向，让生产者更加积极地投身企业的建设和发展过程中。

企业文化是企业成员普遍认同的思想文化观念，是一种独特的文化形象，体现着企业的个性特征。企业文化是企业无形的资产，对内可以增强团队凝聚力，对外可以展示良好的企业形象。工匠精神重视人的价值和作用，有利于弘扬人本精神，建设企业忠诚文化。工匠精神要求企业重视产品的质量。这表明企业注重诚信意识，有利于培育企业契约精神，打造良好的企业形象。工匠精神对于打造企业的"硬"实力和"软"实力来说，都具有重要的价值，工匠精神能够使企业内部的各种要素连接起来，从而在市场上保持竞争力。

（三）工匠精神是产品质量提升的动力源

国务院总理李克强在2016年3月5日的《政府工作报告》中明确提出："鼓励企业开展个性化定制、柔性化生产，培育精益求精的工匠精神，增品种、提品质、创品牌。"

1. 培育工匠精神有利于提高产品品质

就产品本身来说，对产品的精益求精的追求能够推动产品精品化，使产品具有品质优势。在市场经济条件下，品质是竞争的关键，只有高品质的产品才能占领较多的市场份额。培育工匠精神，能让劳动者专注于对某件产品的生产，更好地追求产品品质，改变低品质、低竞争力的劣势，从而将产品做到极致，达到卓越追求的理想状态。在手工业领域，手工业产品凝聚着工匠们的智慧和劳动，饱含着工匠们的心血和情感，因此，对于工匠而言，品质就是声誉，品质就是生命。在网络时代，"互联网+"个性化、DIY生产已成为一种趋势，工匠精神的培育，能满足新时代条件下消费者对产品高品质的需求和个性化的需要。

2. 弘扬工匠精神有利于培育产品品牌

提高了产品品质才能创立产品品牌，具有了品牌效应，才能获得利润空间。随着消费需求的不断升级，人们在对高品质产品和服务的要求越来越高，需要消费的品牌化。通过供给侧结构性改革，以提高产品的品质，才能满足人们的需求。以往薄利多销的经营模式已经不适应时代的发展，这就需要进行改革，通过培育产品品牌，进行品牌销售。弘扬工匠精神中一丝不苟的精神，能提升产品品质，培育产品品牌。

二、培育工匠精神，坚定文化自信

2016年7月1日，习近平总书记在庆祝中国共产党成立95周年大会上提出"全党要坚定道路自信、理论自信、制度自信、文化自信"。[1]文化自信就是对本民族文化传统的肯定，对文化价值的肯定，对文化传承的肯定，对文化发展的肯定，坚定文化自信就是在社会发展过程中能发展和传承本民族优秀传统文化。工匠精神是中国优秀传统文化的重要组成部分，因此，弘扬和培育工匠精神，能进一步促进优秀传统文化的传承，促进先进文化的传播，践行社会主义核心价值观，有利于在推进文化的传承和发展的过程中不忘本来、吸收外来、面向未来。

（一）培育工匠精神，传承中华优秀传统文化

工匠精神是中华民族精神的传承。古代的"庖丁解牛"，李冰治水，

---

[1] 习近平. 习近平谈治国理政（第二卷）[M]. 北京：外文出版社，2017：36.

鲁班匠艺等都是工匠精神的真实体现，工匠精神体现了民族的精神，工匠精神赢得了民族的尊严，工匠精神是社会发展的动力支撑，工匠精神是优秀文化的精髓。自古至今，工匠们都有着追求卓越，精益求精的匠心品质，工匠们也有着"天下兴亡匹夫有责"的责任担当，工匠的手艺是传统的匠艺文化，是劳动人民的智慧结晶，这些宝贵的精神财富是优秀传统文化的内容，也是文化自信的依据。

工匠精神是社会责任担当意识的传承。央视纪录片《我在故宫修文物》中的工匠身上所具有的工匠精神就是社会责任担当的最好诠释。他们对各种历史文物进行修复，既是日常的工作，更是社会责任担当，他们通过对文物的修复，尽力呈现国宝文物的原始精美和艺术魅力，充分展现了古代工匠的信仰、工艺的沿袭与变革。

（二）培育工匠精神，涵养社会主义核心价值观

社会主义核心价值观涉及国家、社会、个人三个层面的价值要求。在国家层面，提出了富强、民主、文明、和谐的价值目标；在社会层面，提出了自由、平等、公正、法治的价值取向；在个人层面，提出了爱国、敬业、诚信、友善的价值遵循。

工匠精神体现了诚信和敬业的价值要求，也是对国家富强文明的追求的实现。工匠精神崇尚爱岗敬业，提倡尊重劳动，尊重劳动者，尊重价值，这也是社会主义核心价值观的重要内容。社会的进步发展和国家的富强文明依靠人民的劳动，价值的创造需要人民在劳动的过程中践行工匠精神，工匠精神的实践和社会主义核心价值观倡导的内容是一致的。

1. 工匠精神是国家富强文明的推进引擎

从国家层面看，工匠精神是国家富强文明的重要推进因素和精神保障。经济全球化推动了世界各国的竞争，作为国民基础的制造业成为竞争的焦点，产品的质量成为制造业竞争的关键点。

当今中国生产的产品质量遭受到很多质疑，中国制造业面临着严峻的挑战。在这种情况下，以精益求精的工匠精神为驱动力，以产品质量为目标，不仅能够提高中国制造业的国际竞争力，为中国式现代化建设提供物质基础，推动国家实现繁荣富强，而且能够传递正能量，让人们认识到认真严谨、精益求精的重要性，促使国家文明水平的提升。

2.工匠精神是社会公正、平等的实现秩序

从社会层面看，工匠精神规范了企业竞争的秩序，推动了市场经济公正平等秩序的建设。工匠精神将企业之间的竞争转移到产品品质的竞争，减少了唯利是图、投机取巧等恶性竞争，实现了企业竞争的良性循环。在收获高品质产品的同时，也进一步完善了市场经济公平公正的市场秩序，推动着社会公正平等价值观的培育和践行。

3.工匠精神是个人爱国敬业的追求品质

从个人层面看，工匠精神是爱国敬业诚信友善的重要体现。工匠们在自身平凡岗位上所表现出来的敬业和诚信体现在对产品设计的一丝不苟，对原材料的选择挑剔，对工艺流程的精准把握，对细节的精雕细琢，对产品质量的至善尽美。当产品远销海外时，产品的品质也代表着国家的形象，在这个层面上，强调产品品质就是培养爱国精神。

（三）培育工匠精神，推动文化的交流和传播

不同国家文化之间的交流是国际关系的"助推器"，是惠及世界人民的"幸福因子"。2014年3月27日，习近平在联合国教科文组织总部发表演讲时谈道："文明因交流而多彩，文明因互鉴而丰富。文明交流互鉴，是推动人类文明进步和世界和平发展的重要动力。"[1]

工匠精神是中国精神和民族文化的重要内容，反映了中华儿女勤劳勇敢、自强不息的精神品质，也体现着追求卓越的文化品格。工匠精神也是人类社会的共同精神财富。弘扬和培育工匠精神有利于国家之间的文化交流和传播。在全球化浪潮下，国家希望在竞争中合作以谋求共同发展，而现代工匠精神也成为国家之间交流合作的精神纽带。一方面，中国以积极吸收世界优秀文明成果的大国胸怀学习借鉴日本、德国等国家的工匠精神。如日本制造业所显示的"有待完善的制造精神和设计理念，一种与'用户'共同进行完成体验的过程。"德国工业4.0计划中提出的"生产可

---

[1] 习近平.文明交流互鉴是推动人类文明进步和世界和平发展的重要动力[J].求是，2019（9）：4-10.

调节、产品可识别、需求可变通、过程可监测"等要求为中国现代工匠精神的培育提供了宝贵的经验。

另一方面,中国也在积极传播当代中国的优秀文化,让国外民众感受中华文化的魅力,展示良好的中国形象。如中国通过《大国工匠》和《我在故宫修文物》等纪录片让世界人民也感受到中国现代的工匠精神。工匠精神对人类社会而言可以说是人类"共同体",其精益求精的精神本质将成为人类社会文明发展的共同财产,推动着国家间文化的交流和传播,为国家间文化融合和再生产提供强大的精神动力。

三、培育工匠精神,促进个体发展

社会发展的同时也要求个人的发展。社会个体中,特别是青年一代有理想、有本领、有担当,国家就有前途,民族就有希望。个体的发展离不开正确的方向指引、自身综合素质的提升以及实践力量的支撑。工匠精神作为一种精神力量,在促进个体发展的过程中起着价值引领等作用,推动着个体成为有理想、有本领、有担当的时代新人。

(一)引领个体树立理想信念

理想信念是个体对未来的向往和追求,是对某种思想或精神坚信不疑并身体力行。理想信念指引人生的奋斗目标,提供人生的前进动力,提升人生的精神境界。理想信念在个体发展中起着价值引领的作用,是个体发展的实践起点。工匠精神对个人层面的价值如精神火炬般引领个体树立自身的理想信念。

一方面,工匠精神是一种职业精神,也是一种职业理想和职业信念。职业理想和职业信念的形成有利于增强个体的职业认同感,让个体的发展有精神的归依。有了职业理想和职业信念的支撑,个体就会将自身工作当作一份事业。工匠精神可以增强个体的职业信念和职业动力。在具体的生产实践中,工匠精神中所蕴含的精益求精、勇于创造的精神不仅对劳动者的生产实践具有指导作用,而且成为劳动者的一种职业追求。劳动者们希望通过自身的认真踏实、勇于创新和追求卓越实现职业理想。工匠精神将劳动者们的目标、方法、勤奋等融为一体,体现了人们对工作与生活的热爱，激励着劳动者不断地突破自我。

另一方面，工匠精神在职业态度层面表现出来的持续专注、精益求精的坚守也推动着个体信仰型人格的形成。个体在长久坚持中将生活态度、艺术涵养、文化养分融于技艺中，最终升华成坚守之美的精神境界，让工匠对技艺形成精益求精的工作追求。

（二）推动个体成长成才

个体的全面发展不仅要有方向的指引，更重要的是自身能力的提高，成为有本领的时代新人。个体的"硬实力"和"软实力"是自身本领的两个重要方面。这两个方面的增强意味着个体自身能力的提高，实现了个体的成长成才。个体的成长成才离不开具体的现实的社会实践活动。工匠精神是社会物质生产实践活动的成果，对个体的能力和品格的提升有着实践指导作用。首先，工匠精神能够增强劳动者的物质生产能力。传统的工匠的制作活动是一种持续性的创造活动，工匠们需要对技艺和产品不断地进行完善，工匠可以从工作中学习，在劳动过程中使用并发展自己的能力及技能。现代工匠精神要求劳动者对自身的工作以及自身的产品要有一种投入的状态，让产品有生命力和创造力，这会促使劳动者不断地提升自身的知识和技能。

其次，工匠精神促使个体自我反思能力的提升。工匠精神就如同一面"镜子"，让个体不断地将自己行为和"工匠精神"所体现的爱岗敬业、精益求精、持续专注、责任担当等进行对照，形成自身的内驱力，驱使自身不断完善自我，最终拥有自身核心的竞争力。工匠精神所起到的作用就如同一尺标杆，驱动个体自身"硬实力"和"软实力"的增强，最终实现成长成才。

（三）实现个体自我价值和社会价值的统一

人的价值体现在人类社会与个体之间、个体与个体之间、群体与群体之间的相互需要和相互满足。人的价值是自我价值和社会价值的统一，人在劳动中实现了个人价值的同时也创造了社会价值。在这个过程中，工匠精神是个体的自我价值和社会价值实现的精神力量，是一种实践动力。个体在自然和社会中生活，是以实践的主体而存在的。

马克思指出："任何一个民族，如果停止劳动，不用说一年，就是几个星期，也要灭亡。"[①]作为一种劳动精神，工匠精神倡导人们要爱岗敬业、诚信友善，引导着个体兢兢业业地做好本职工作，提倡人们通过认真地劳动去实现自我价值。在实现个体自我价值的基础上，工匠精神还有利于推动、帮助个体实现社会价值。《大国工匠》中讲述的中国现代的工匠们，有为国家航天实力提升而奋斗的工匠，也有为塑造国家文化形象的工匠，他们都在为实现中华民族伟大复兴贡献自己的力量，实现着自身的社会价值。可以说，实现自我价值和社会价值是个体发展的最终落脚点。

第三节　工匠精神培育的结合路径

一、高校劳动教育与工匠精神培育相结合

（一）高校劳动教育与工匠精神的培育相契合

人才的培养要以社会的需要和市场、时代的需求为指导。劳动教育是对人才进行专业技术教育和岗位技能教育，培养人才的职业技术能力。工匠精神是人才具备的一种职业精神和对岗位的敬业态度。在人才的培养过程中，二者有共同的目标，具有契合性，将劳动教育与工匠精神的培育相结合，是人才培养的有效路径。

高校劳动教育和工匠精神的培育在价值取向上具有一致性，通过劳动教育能够让学生树立正确的劳动观，培养良好的劳动习惯，提升劳动技能，从而在就业后胜任工作岗位，在实际的劳动中才有着不断追求产品质量和精益求精的工匠精神。培育工匠精神和加强劳动教育都是重视提升技术能力，重视创造价值的劳动，有着共同的价值取向。开展劳动教育，能够增强学生对劳动创造价值的荣誉感与自豪感，以从事劳动胜任岗位为荣，以承担责任做出贡献为荣，以技艺进步实现价值为荣，能够培育具有

---

① 马克思,恩格斯. 马克思恩格斯全集(第32卷)[M]. 中共中央马克思恩格斯列宁斯大林著作编译局, 编译. 北京: 人民出版社, 1998: 541.

工匠精神的优秀人才。

高校劳动教育和工匠精神的培育都离不开实践。劳动教育和工匠精神的培育是相互依存、相互促进，不可分割的，两者都以现实劳动为依托和载体。劳动教育是工匠精神培育的逻辑起点，劳动教育是工匠精神培育的有效路径，劳动教育的目标是为了培养人才具备工匠精神。工匠精神在实践劳动中的体现也能起到榜样示范作用，能为劳动教育提供典范案例，对劳动教育起到积极作用，能够更好地促进劳动教育的开展。

（二）工匠精神培育过程中的困惑

1. 认知上偏差

"君子劳心，小人劳力""万般皆下品，唯有读书高"的传统思想导致对体力劳动存在认知偏差，被贴上地位低下之人所从事的劳动的标签，而作为大学生也被贴着"天之骄子"的标签，与从事体力劳动的身份是不相符合的，导致学生不愿从事体力劳动相关的劳动实践，从而影响着劳动教育的成效，影响工匠精神的培育。同时，学生的劳动价值观受到消费思潮、享乐主义和功利化等多种思潮的冲击和影响，轻视劳动实践，蔑视劳动教育创造成果，过于追求知识、名利和享受，异化了劳动教育，不利于工匠精神的培育，甚至导致工匠精神处于一种边缘地带。

2. 功能性缺位

教育的功能在于育人，包括技术的传授，能力的培养，以及道德的熏陶和培育。但在教育过程中，技术教育的向度被重视被放大，人文教育的向度有所弱化，这就导致了学生重视专业技术知识和技能的学习，而忽视了对职业道德和职业态度的对待和养成，进而缺乏脚踏实地的敬业精神以及对技艺的敬畏之心，这样一来工匠精神就无从谈起。

（三）劳动教育视域下工匠精神培育的路径

1. 制定"渐进式"人才培养目标

冰冻三尺非一日之寒，工匠精神的培育非一日之功。在工匠精神的培育过程中也需要循序渐进，制定"渐进式"培育目标，结合工匠精神的匠艺、匠心和匠德等内涵在不同的年级和阶段对学生进行教育。低年级主要进行劳动教育，通过课堂讲授，专题讲座，现场参观等启蒙学生树立正确

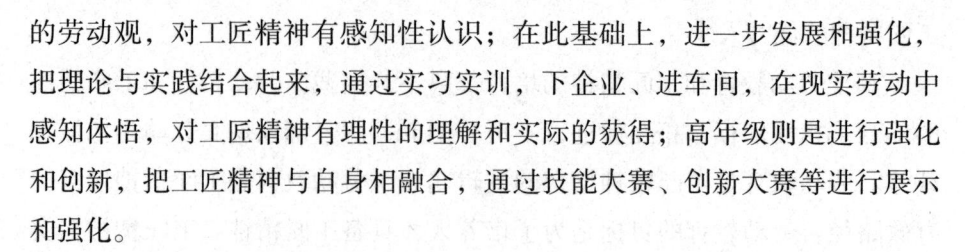

的劳动观，对工匠精神有感知性认识；在此基础上，进一步发展和强化，把理论与实践结合起来，通过实习实训，下企业、进车间，在现实劳动中感知体悟，对工匠精神有理性的理解和实际的获得；高年级则是进行强化和创新，把工匠精神与自身相融合，通过技能大赛、创新大赛等进行展示和强化。

2. 打造"政企校"协同育人平台

"工匠精神"的培育需要多方的支持与协作。

政府重视搭台，政策引领。政府是主导，是三方合作的关键参与者，通过制定相关政策，为校企合作牵线搭桥，为双方权益提供保障。

企业参与培育，提出需求。在工匠精神的培育过程中，通过构建校企合作、产教融合模式，实现"工匠精神"双育人架构，拓展"工匠精神"的培育场域。不断探索"校中厂""厂中校"等育人平台，构建共建、共管、共育的人才培养模式，营造全员、全过程、全方位的培育氛围。一方面企业参与培育并提出对人才的需求，另一方面学生走进工厂、企业车间去接受实践教学和体验式教育，从而感受企业文化和职业精神，更加明确企业或市场实际的需要，有针对性地学习和培育。

学校主体主动，精准培育。学校是教育的主阵地，在教育过程中需将"工匠精神"纳入人才培养方案，并贯穿教育过程，开设与"工匠精神"相关联的课程，挖掘其教学中所能体现和实现的劳动元素和工匠精神。

3. 构建校园文化培育工匠精神

工匠精神作为职业教育的灵魂，高校应在人才培养的过程中深化文化育人的理念，将工匠精神、劳模精神、人文素养等贯穿到人才培养的全过程之中。要将校园文化和职业文化融合，最好的办法就是将劳动价值和工匠精神培养结合起来，实现两者的有效衔接。通过这样的连接，能够让不同的文化之间达成共识，促进教育目标一致。从而形成"校园文化—劳动文化—职业文化（工匠）"的文化格局，让职业文化、劳模精神与工匠精神成为校园文化建设的主流与新时尚。

一是充分发挥学校的主阵地作用，将劳动元素、劳模元素、职业元素、产业元素等融入校园的物态文化方面，让工匠精神活起来。二是加强校企合作，推动以职业素养培育为核心的职业文化融入校园文化建设，有利于校园文化价值的提升，帮助学生体会从学生身份到劳动者身份的转变，促进学生思想观念的转变。三是大力推进和实施"工匠精神进校园、工匠精神进课堂、工匠精神进教材、工匠精神进社团"的"四进工程"，挖掘身边的先进典型、模范和榜样，宣传大国工匠和高素质劳动者精神，为工匠精神的培育营造良好的校园文化氛围。

4.强化"双师型"教师队伍建设

教师是高校学生工匠精神培育的具体执行者、组织者以及示范者，"双师型"教师队伍建设既是提升人才培养质量的关键，又是高校核心竞争力的主要体现。和传统的职业课堂教育相比，双师型教育对于教师提出了更高的要求，需要教师同时具备扎实的理论知识，还要有丰富的实践教学能力，能够在教育中不断强化理论素养，实现教学创新，为学生提供更高质量的教育，促进学生的工匠精神培养。因此，高校"双师型"教师队伍建设，一方面是在"双师型"教师的来源上，加强校企合作、产教融合和现代学徒制等，形成"走出去，请进来"的格局，一是鼓励专职教师下企业，参与企业的生产与管理实践等环节，加强产学研合作，使其成为既具备深厚的理论知识又具有较强的动手实践能力的专职教师；二是常态化大力引进大国工匠、劳模等新时代的高技能、高素质的劳动人才进校园，以此作为"双师型"师资的重要补充，加强职业学校与市场的密切关系，强化职业教育的办学特色。另一方面是"双师型"教师队伍建设保障，政府、学校在把好"双师型"教师入口关的同时，要进一步完善"双师型"教师职称评审制度、创新激励机制和资金支持体系等。

二、现代学徒制与工匠精神培育相结合

（一）现代学徒制和工匠精神的联系

古代工匠的培养主要是通过学徒制的方式，且出现了各行各业的优秀工匠，他们身上都体现着工匠精神。秋山利辉指出，学徒制是培育一流人才的摇篮，学徒在这个摇篮里提升心性，在这个摇篮里培育一流人才必备

的工匠精神。[1]学徒制与工匠精神的培育是相互促进的,学徒制是工匠精神培育的摇篮。因此,在现代学徒制的实施过程中,应融入工匠精神的内涵建设,充分培育经济发展所需的工匠精神。所以,现代学徒制与工匠精神的培育应具有一致性。

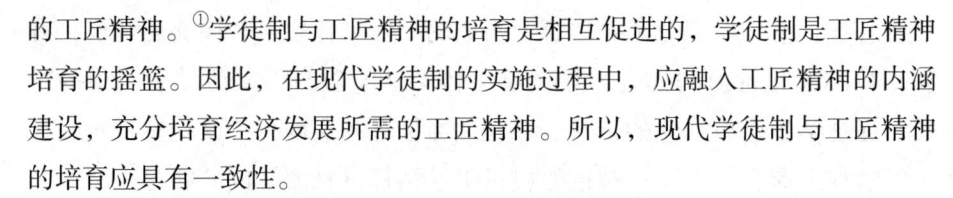

1. 教学方式一致

从传统学徒制到现代学徒制,基本都是采用师傅带徒弟的教学方式,师徒同吃同住,师傅言传身教,教授徒弟专业技能,徒弟耳濡目染,学习师傅的职业技能和精神。在谋生主导的师徒结构中,师徒关系的伦理性远远超越师徒间的经济交换性。[2]在伦理影响中,工匠精神的培育是在师傅"心传体知"的教育过程中形成的。[3]同样,工匠精神的培育也可以通过师傅教授徒弟的方式进行,通过师傅的传帮带,端正学徒的职业态度,塑造学徒的职业素养,培养学徒的工匠精神。

在现代学徒制中,学校与企业对接合作,采用"双师型"教学方式,教师既是老师又是师傅,学校里有专业老师,企业有专业师傅,教授学生专业技能的同时,对学生进行工匠精神的熏陶影响。教师和师傅通过学校和企业共同教学和传授职业技能,共同承担对学生或学徒进行伦理道德教化的责任,培养学徒的职业素养,塑造学徒的工匠精神。

2. 保障制度一致

学徒制的发展离不开制度的保障,同样,工匠精神的培育过程中也需要制度的保障。

在古代,主要是由行会为传统学徒制和工匠精神的传承提供保障。行会分别与学徒和师傅签订合约,对"工匠的技能传授和道德伦理的教授同时进行,对学徒的人数的限制、年限的要求,学徒期满后的从业地位和晋升等方面都做出严格的要求。"[4]行会根据合约要求学徒在技术技能、道德

---

[1] 秋山利辉. 匠人精神[M]. 陈晓丽,译. 北京:中信出版社,2015:2-10.
[2] 王星. 技能形成的社会建构:中国工厂师徒制变迁历程的社会学分析[M]. 北京:社会科学文献出版社,2014:72,67.
[3] 薛栋. 论中国古代工匠精神的价值意蕴[J]. 职教论坛,2013(34):94-96.
[4] 细谷俊夫. 技术教育概论[M]. 肇永和,王立清,译. 北京:清华大学出版社,1984:20-23.

标准等方面要能达到一定的标准，在规定的年限里能否出师和晋升也必须要通过行会的考核。为保证学徒的质量，考核既有操作技能方面的内容，又有行业道德方面的内容。如果能通过考核，则被评定"工匠资格"，如能创造出杰出的产品，经过行会的评估，则会被授予"熟练工人"的头衔。可见，学徒制的发展与工匠精神的培育都离不开行会制度的保障。

到了当代社会，在国家主导下，通过制定法律法规，投入资金，制定标准，建立课程等为现代学徒制和工匠精神的培育提供保障。法律是对现代学徒制和工匠精神最为有效的保障，如英国在1562年颁布了《工匠学徒法》，德国在1969年颁布了《德国职业教育法》，在这些法律法规中，都对现代学徒制的实施和工匠精神的培育制定了相关标准和提出了相应的要求。国家制定的资格框架中明确了学习的内容和考核的标准，既有技能考核要求，也有职业素养的考核。如澳大利亚的国家资格证书框架建立[①]，对学徒资格证书考核和相关职业素养标准做出了详细的要求。工匠精神的传承和现代学徒制的发展都是在外在制度保障下进行培育和实施的。

3. 当代价值一致

《国家中长期教育改革和发展规划纲要（2010—2020年）》提出："职业教育要着力培养学生的职业道德，职业技能和就业创造能力，到2020年，形成适应经济发展方式转变和产业结构调整要求……的现代化职业教育体系，满足经济社会对高素质劳动者和技能型人才的要求。"[②]纲要提出要满足经济转型和发展，则需要培养高素质高技能人才，而现代学徒制的目标也正是要培养高素质高技能人才，因此开展现代学徒制试点，进一步完善现代学徒制体系，能更好地满足社会对人才的需要，体现了现代学徒制的当代经济价值。

---

① 澳大利亚国家资格证书框架（Australian Qualifications Framework，AQF）是一个综合性的、全国一致而且非常灵活的框架体系，为所有的培训机构和部门设定了资格证书，它确保了澳大利亚职业培训的质量。

② 中华人民共和国教育部. 国家中长期教育改革和发展规划纲要（2010—2020年）[EB/OL]（2010-07-29）[2024-06-06]. http://www.moe.gov.cn/jyb_xwfb/s6052/moe_838/201008/tz0100802_93704.html.

同时，工匠精神的培育和现代学徒制有利于学徒实现自我价值，达到自我成功的目的。日本宫地诚哉，仓内史郎指出，职业教育的目的必须是经济的，同时，也是文化的，而且是社会的，体现在三个方面：一是对经济发展的贡献；二是提高人民的文化水平；三是帮助个人完全成功。[①]现代学徒制引入到职业教育体系可以解决学生数量与质量的失衡现象，转变人才结构，为学生实现自身价值创造条件，加强对学生进行工匠精神的培育，能使学生具备精益求精的职业素养，一丝不苟的职业精神，追求卓越的职业品质，有利于充实学生的精神内涵，帮助学生实现自身的价值。

4. 均受工业革命的冲击

从传统学徒制到现代学徒制，学徒制的发展并不是一帆风顺的，因为第一次工业革命的到来，人类技术发生巨大的变化，使得机器部分代替了人的劳动，传统学徒制受到前所未有的冲击。大工业生产导致学徒制的学习年限和技能要求难以满足用工需求，企业用工标准的转变使学徒制以师傅带徒弟的技能形成方式逐渐被边缘化。各国在19世纪中后期，先后建立大量的职业学校，学校职业教育的出现，代替师傅带徒弟的技能形成方式，使得传统学徒制下的工匠培育模式破裂。如今，在高新技术革命下各国进行工业转型，在新的工业革命浪潮下各国提出相应的战略。如德国提出工业4.0高科技战略计划，德国双元制[②]基于工业4.0建设人才匹配计划，适应工业转型。又如英国为适应工业改革与发展，将现代学徒制的人才培养目标制定为学徒制、高级学徒制和高等学徒制三个层次，以此来满足不同层次的人才需求。

在第一次工业革命之后，国家主导代替行会制定工匠培养标准和工匠资格的评定，在以培养大批量的流水线工人为目的的背景下，看重学徒的人力资本，从而一定程度上忽视了学徒的职业素养。因此，在职业学校培养学生的过程中，对学徒的职业素养的忽视，在国家未建立合法合理的

[①] 宫地诚哉，仓内史郎. 职业教育[M]. 河北大学日本研究所教育研究室，译. 天津：人民出版社，1981：4-29.

[②] 注：1948年，德国教育委员会首次使用"双元制"一词，指学徒培训与职业学校教育相结合，企业与学校分工协作（以企业为主），理论与实践紧密结合的一种现代学徒制度。

考核标准的发展历程中，学徒出师时缺乏相应的考核标准，学徒一度成为廉价的劳动力。此阶段也对工匠精神的发展造成了冲击，随着现代工业技术的发展，高技术产品的出现，如互联网产品的出现，高新技术带给人类不同的体验，但无论技术如何变化与发展，高科技技术怎样取代人类的劳动，人类是生产和使用产品的主体，始终要求生产消费品的工匠拥有细致、严谨、追求品质的职业素养，对培育与发展工匠精神提出了挑战。

（二）巩固现代学徒制，推进工匠精神培育

工匠精神的培育是时代的需要，是社会的需要，也是工匠自身发展的需要，而培育工匠精神需要多方面的条件。

1. 规范的制度

拥有规范的制度，是精神传承的必要条件，没有文化精神和文化价值的制度是不存在的，没有制度秩序和制度规则或制度规范的文化也是不存在的。[①]现代学徒制为学徒提供了保障机制，也为培育学徒的工匠精神提供了保障机制。

由国家建立的现代学徒制的资格框架制度，明确规定了学习年限，学习技能、职业素养、考核标准等，只有最终通过了考核才能获得相应的证书和文凭。其中，职业素养的达标是考核的主要内容和关键标准，如果学徒未能同时掌握专业技能和职业素养则无法获得证书和文凭，也就无法从事相关行业的工作。在这样的资格框架下，学徒的职业素养得到重视，工匠精神的培育也得到重视，对工匠精神的培育的力度必然加大，培育效果也较显著。

现代学徒制的特点是边学习边实践，工学结合，学做一体，在时间分配上，学校和企业各占一半，通过情景化教学，培养学生的专业技能和职业素养。如德国的二元制教育模式，保证学生有一半以上的时间在企业提供的场所和岗位进行实践实训，另外的时间在学校进行相应的理论学习。这种教学方式，让学生在学习专业技能知识的同时，在企业车间与师傅相处的过程中，既能学到技能和实际经验，又能受到师傅的影响和熏陶，使

---

① 曾小华.文化·制度与社会变迁[M].北京:中国经济出版社,2004:230.

得工匠精神的培育更加具体化。

现代学徒制的基础是规范的制度，制定了相应的法律法规，现代学徒制的实施才能合理合法。我国先后颁布了《中华人民共和国职业教育法》《中华人民共和国劳动法》《关于全面推进现代化学徒制工作的通知》等，从而使得现代学徒制的实施有章可循、有法可依。这些法规能确保学徒学习工作中签订的合同合法化，从法律上确保学生和学徒的身份，保障学习和工作的环境；还能确保学生在实习期间的利益和待遇，使得学生的学习和工作更加安心，能更多地把时间和精力放到学习和工作上来，规范的制度的保障，使学生能享有应有的权利，利于促进自我发展，利于工匠精神的培育。

2. 合格的师傅

有的技能可以在反复训练后获得，而有的技能则需要特殊的环境造就。只有在与职业活动关系紧密的群体中对其作出有效规定的情况下，在职业活动中才会认识到自己的功能，了解到自己所具有的需要和每一次的变化状态。[①]在职业群体中，个人的行为容易受到他人和群体的影响。

工匠精神需要在一定的群体中培育，通过群体来传播职业道德和职业标准，使得个体在群体中遵从职业道德和职业标准。在学徒受到的群体效应里，现代学徒制中的教师（既包括职业学校教师又包括企业师傅）将发挥重大作用。在工学结合的教学方式下，学徒在课堂上受到教师的影响，实训场所里受到师傅的熏陶，师傅和教师的人格魅力将时刻影响着学徒的日常行为，教师与学徒在日常生活中进行情感交流，学徒在学习和生活中都将渗透着工匠精神。由此，工匠精神的培育难度系数减小，也能更好达到培养学徒工匠精神的预期目标。

保证学徒出师时具备从业的能力和素养，首要保证的是工匠精神的传承者教师的质量，教师是培育具有工匠精神学徒的源头。德国双元制培育出合格工匠的优势在于其教师队伍标准的严格化和标准化。在德国，想

---

① 涂尔干. 社会分工论[M]. 渠东, 译. 北京: 生活. 读书. 新知三联书店, 2013: 17.

要成为职业学校教师，根据各州的《教师教育法》，需要进入大学学习相关教育学和心理学的内容和掌握相关专业操作能力，完成毕业论文，然后参加第一次国家考试，通过之后到相关职业学校进行为期18～24个月的实习，然后参加第二次国家考试，通过之后才有资格受聘担任职业学校教师。两次国家考试包括笔试、口试和论文，相关委员会在教学能力和职业素养方面进行细致和严格的认定，充分具备了职业学校的教师能力和素养后才能获得教师资格证。同样，想要成为企业的培训师傅，根据《企业培训师资格条例》、不同职业领域的师傅考试规章和条例，需要完成双元制职业培训，通过行会组织的技术工考试，然后进入企业工作3～5年，之后参加企业考评，通过企业考评才能进入专门的师傅学校进行专业培训和教育学基础培训，之后参加师傅考试，通过了师傅考试才能获得企业培训师傅的资格，才能开始培训学徒的相关技能和职业素养。现代学徒制中的教师是在规范和严格标准下培养出来的，是具有工匠精神的教师，其培育的学徒也将具有工匠精神。

现代学徒制和工匠精神在传承和发展的过程中存在着紧密的联系，培养合格的工匠需要现代学徒制和工匠精神的结合。现代学徒制是职业教育人才培养的外在机制，工匠精神是职业教育培养人才的精神内涵。通过现代学徒制度能够有效地培养工匠精神，塑造个人发展需要的工匠精神，塑造职业教育需要的工匠精神，塑造中国经济转型需要的工匠精神。

三、校企文化融合与工匠精神培育相结合

（一）校企文化相融合

文化是精神，是动力。企业文化需要构建工匠精神文化，校园文化需要表现工匠精神的价值塑造。工匠精神的内涵也是文化的一种体现，工匠精神的培育离不开文化的渗透与传承。现代学徒制的实施建立在校企合作的基础上，学校与企业除了在培育学徒上要相互协作，在双方的文化构建上也是相互融合的，通过融入校园文化和企业文化，以更好地培育学徒。

现代学徒制是在校企合作的基础上实施的，校园文化和企业文化彼此

交融，企业文化中的精神文化包含着对工匠精神的诉求，校园文化中同样也包含着工匠精神的价值表现。

在文化渗透的过程中，个体对文化的认同，致使其规划自己的行为，模塑自己的思想体系。[①]校园文化是以校园精神为主要内容的一种群体文化，学校拥有特定的精神环境和文化氛围，其中，包括学校的传统、校风、学风、集体舆论、心理氛围和非文明规范的行为准则，也包括工匠精神的内涵。学徒身处校园文化中，学徒的学习和生活时刻受到校园文化的感染，随时随地塑造着学徒的精神素养，促使学徒建立包含着工匠精神内涵的思想体系。让学徒具备工匠精神的基本内涵，为未来从业做准备。

企业文化中的精神文化包括各种行为准则、价值观、企业的群体意识、员工素养等，企业精神文化中包含着工匠精神的内涵。学徒在实训阶段进入企业学习，进入工作场所学习技能，充分了解企业的工作环境，了解所从事的工作属性，感受和学习企业文化中的精神文化。在企业师傅的感染和工作环境的影响下，使得学徒对企业员工的身份产生认同，从而认同企业文化的内涵，认同工匠精神，最终规范个人的行为。现代学徒制下校企文化的融合，能够保证企业文化与校园文化在各个阶段充分塑造学生的工匠精神，保证学徒进入企业后能够承接从学徒到员工的角色转换，符合企业的用工标准，满足企业的用工需求，并且促进学徒更好地实现自我价值。

（二）校企合作共育人

校企合作是高校育人的一种模式，在这种模式下企业和学校共同培育学生，学校可以充分利用企业的资源，让学生直接进入企业实践，能更好地培育学生的各项技能和综合素质，提升学生进入职场的优势。校企合作育人也是社会发展趋势，经济的发展需要人才，实现中国制造向中国智造的转变需要高素质、高技能的人才队伍，人才的培养也需要加强供给侧结构性改革，根据企业的需要，市场的需要，社会的需要，有针对性地培育高素质具有工匠精神的应用型人才。在校企合作育人的过程中，学校与企业共同制定人才培养目标、培养方案，将理论学习与企业实践相结合，能够实现校企无缝衔

---

① 郑晓云. 文化认同论[M]. 北京：中国社会科学出版社，1992：89.

接，有效地促进技术技能型人才培养专业化、职业化发展。

中国制造业的发展需要技能型人才，需要能工巧匠，需要大国工匠，这也是高校教育教学培养人才的目标和方向，通过校企合作能够实现优势互补，结合企业发展过程中对市场敏锐的嗅觉，利用高校强大的师资力量和教育资源，共同培养企业和社会所需的人才。校企合作培养了人才，人才发挥社会服务功能，进一步地推动校企深度融合。所以，校企合作的育人模式，能推动大国工匠型社会的构建，推动人才强国战略的实施，对人才工匠精神的培育具有促进作用，为实现中华民族伟大复兴提供技能型人才的支撑。

（三）工匠精神培育路径探索

1. 出台相关制度政策，落实办学主体

部分高校的教学存在着与实际相脱轨的现象，导致学生就业后无法适应企业或社会需求，所学知识和技能与实际需要存在差异，在工作岗位容易受挫，甚至产生消极情绪，丧失信心，难以实现自身价值。因此，高校在制定育人方案、设置课程时需要进行专业评估和市场调研，根据实际需要进行科学的制定。校企合作育人是有效破解这一难题的路径，对工匠精神的培育和技能型人才的培养具有重要意义。

落实校企合作育人需要建立健全相应的法律法规，明确校企职责，制定操作规程，确立合作制度，双方优势互补，企业充分参与。同时，要明确育人主体由学校和企业共同承担，校企共同制定育人方案，根据社会需求制定实训内容，利于学生就业无缝衔接。在具体育人过程中，建立双师育人制度，学校教师与企业师傅共同对学生进行指导，体现理论与实际的结合，知行合一，利于对学生的技能培养和工匠精神的培育。

2. 树立互利共赢理念，建立长效机制

校企合作育人是一种互利共赢的教学模式，学校和企业是人才的供需双方，企业在生产制造、管理经营过程中需要一定数量的高素质技能型人才，学校是立德树人、培育输送人才的主要阵地，彼此互相需要，不可分离，企业从学校招聘引进人才，学校向企业培养提供人才，因此校企双方有着共同的着力点，就是人才的培养。通过构建合作体系，建立长效发展机制，为人才的培养和工匠精神的培育提供机制保障。

　　落实校企合作，应从双方利益需求出发，实现互利共赢，在平等公平、利益兼顾的前提下，建立双方认可的合作机制。这样才能充分发挥双主体的主动性和积极性，为人才培养和工匠精神的培育提供动力。在合作中，要明确双方的权责和义务，在协商一致的前提下，签订校、企、生的相应合同，制定详细的规章制度保障各方利益，以对人才的培养达到最佳成效。规范制度和稳定有效的机制，能促进校企合作良性循环，政、校、企三方在一定范围内制定的规则与机制能保障各方利益，政府给企业以优惠或补贴，学校与企业共同协商，企业提出意愿和要求，从而发挥各方合作育人的积极性，实现良性循环，对人才培养和工匠精神的培育起到积极促进作用。

　　3. 创新工匠精神培育路径，巩固融合发展

　　在培育工匠精神的过程中，在学校教育的过程中，应不断对学生进行正确的劳动观和与工匠精神对应的职业价值观教育，同时构建双师教学队伍，深度融合育人机制。

　　培育以提升职业能力为目标的就业意识。在教育学生的过程中，要进行职业生涯规划，明确就业目标，树立就业理念。让学生明白在学习过程中为什么学，要学什么，要怎么学，通过老师的引导，言传身教，帮助学生树立科学的就业观。

　　树立以强化综合素质为导向的敬业意识。在校企合作育人的过程中，加强双师教学，企业导师定期为学生做指导，解答学生关于行业发展和企业招聘条件等有关就业问题的咨询，使学生能对自身有合理的认知，树立正确的价值观，通过提升自身素质，强化工匠精神，精益求精，为适应社会、企业的需要而努力进取。

　　筑牢以培育工匠精神为根基的乐业意识。除了理论学习、技能实训等教学外，可以邀请杰出校友、能工巧匠、劳模榜样等进入校园、进入课堂，通过讲座、访谈、联谊等方式与学生进行交流互动，以最贴近学生的方式向学生传递乐业精神，使学生认识到工匠精神的社会作用和经济作用，不仅能促进自身的发展，还能促进行业和社会的进步。

第八章　培育工匠精神　推进产教融合

第一节　产教融合的内涵与形式

一、产教融合的内涵

著名教育家黄炎培曾提出职业教育培养的人才是实用性人才，不能只会纸上谈兵，要能在实践中真正推动社会的发展。但是单一的学校教育难以做到知识和技能并重，在此情况下必须引入企业的合作才能真正推动职业教育的发展，其担任中华职业教育社校长期间制定的课程标准也始终倾听各行各业专家的意见。[①]此时，黄炎培提出的办学方式只是浅层次的校企合作，还未上升到产教融合的高度，但已有了产教融合的雏形。

产教融合的提出经历了一个长期的发展过程。1996年的《中华人民共和国职业教育法》中提出了职业教育要实施"产教结合"，2010年7月颁布的《国家中长期教育改革和发展规划纲要（2010—2020年）》中提出了推进"校企合作制度化"。2013年十八届三中会制定的《中共中央关于全面深化改革若干重大问题的决定》第一次明确提出了"产教融合"，指出要"深化产教融合，校企合作"。2014年5月2日，国务院颁布《关于加快发展现代职业教育的决定》，提出要"加快现代职业教育体系建设，深化产教融合、校企合作，培养数以亿计的高素质劳动者和技术技能人才。"2014年6月16日，在《现代职业教育体系建设规划（2014—2020年）》中提出"到2020年，形成适应发展需求、产教深度融合、中职高职衔接。"2017年10月18日习近平同志在党的十九大报告中指出"要深化产

---

① 周俐萍，郭湘宇. 黄炎培产教融合思想的基本内涵及当代价值[J]. 教育与职业，2021(14)：21-28.

教融合。"2019年1月24日国和国务院印发的《国家职业教育改革实施方案》要求"促进产教融合校企"双元"育人机制，推动校企全面加强深度合作。"2019年2月中共中央办公厅、国务院办公厅印发《加快推进教育现代化实施方案（2018—2022年）》提出"健全产教融合的办学体制机制。"从以上发展历程可以看出，产教融合的概念是随着认识的发展而逐步产生的，而且对职业教育的要求也在不断提高。

产教融合有广义和狭义两个层面的含义，广义的概念是指宏观层面的教育与经济产业的融合，针对应用型本科院校，教育与产业融合的培养对象为高级、高素质人才，主要涉及教育发展与产业升级的关系问题；[1]狭义的概念是指微观层面的教育教学与生产的融合，主要针对高职高专与中职中专类院校培养的技术型人才而言的，涉及学校与生产组织协调育人的问题，但每个社会系统都离不开社会发展，产教融合系统也一样，要考虑到专业设置与产业发展的问题，但更多涉及的是人才培养模式与生产活动衔接的问题。

在对产教融合的研究中，陈志杰认为产教融合包括"产业"和"教育"宏观层面、"企业"和"学校"中观层面、"生产"和"教学"微观层面等三大融合。[2]亦有部分学者从较为具体的角度出发阐述了产教融合的概念，如孔宝根就认为产教融合是一种育人新模式，包括育人方式和育人内容的融合。[3]如刘元园认为实践教学环节是高职教育的重中之重，若不提高实践教学质量，对于高职教育人才培养质量将会产生重大的影响。产教融合正是一种提高实践教学质量的教学组织新形式，可以增加学校教师和企业教师的沟通交流和实践，高职院校的实践教学课还可以在企业开展，企业亦可以提供机会让学生学习锻炼，这一系列的措施都是实践教学环节的强化，是教学模式的创新，[4]突破了学校教学的空间界限，实现了学校

---

[1] 陈星.应用型高校产教融合动力研究[D].重庆：西南大学,2017.
[2] 陈志杰.职业教育产教融合的内涵、本质与实践路径[J].教育与职业,2018(05)：35-41.
[3] 孔宝根.企业科技指导员制度：深化职业教育产教融合的新路径[J].教育发展研究,2015,35(03)：59-64.
[4] 刘元园.产教融合新机制与应用型人才培养[J].中国科技产业,2015(05)：24-25.

和企业的深入合作。还有学者对产教融合进行了学术性的解读，欧阳河等集结了《辞海》、古书的记载等对融合一词的解释，认为只有产生了新的融合体或新的增长点才能被称为产教融合，简单的结合不能被称为产教融合，产教融合指的产业与教育两者融为一体并产生了新的产教融合体。[1]

许多学者也对产教融合提出了自己的理解并尝试进行概念的厘定，虽众说纷呈但也有共同的地方。即都认为无论从合作主体来看，还是从合作程度等来看，产教融合都不能和校企结合、校企合作等同。[2]产教融合强调的是"产业系统"和"教育系统"的融合，所包含的不仅仅是学校和企业主体，政府、行业协会等都可被认为是产教融合的主体，突破了学校为主、企业为辅的传统合作模式，强调企业的主体育人地位的确立和发挥多方合力的作用协同推进育人取得最大的成效。[3]总的来说，产教融合是国家立足于新时代的发展背景所提出的有利于提升人才培养质量的有效途径，深化产教融合也是促进教育链、人才链、产业链、创新链四链有效对接的有效途径。由于职业教育的培养目标和所肩负的使命与产教融合有一种天然的紧密联系，职业教育的发展离不开社会力量的支持，更加离不开与企业的合作与推动。纵观职业教育的发展史，其实就是一部从开始与企业合作，到后来融入更多社会力量的产教融合、校企合作的发展史，职业教育与其他类型教育最有特色的外在表征就是产教融合、校企合作。[4]

二、产教融合的形式

我国在办学方式上一直在探索尝试学校与企业合作的不同形式，先后经历了学校办厂、校办工厂、工学结合、产学研一体、工学交替、半工半读、产教结合、校企合作、产教融合，从概念上来看，都强调了理论与实

---

[1] 欧阳河, 戴春桃. 产教融合的内涵、动因与推进策略[J]. 教育与职业, 2019(07): 51-56.
[2] 王丹中. 基点·形态·本质: 产教融合的内涵分析[J]. 职教论坛, 2014(35): 79-82.
[3] 王泳涛. 高职院校深化产教融合的内涵认知与机制创新[J]. 职业技术教育, 2019, 40(28): 30-34.
[4] 周晶, 岳金凤. 十八大以来中国特色现代职业教育深化产教融合校企合作报告[J]. 职业技术教育, 2017, 38(24): 45-52.

践的结合，但各有侧重点；从合作的形式来看，合作的程度得到了不断深化和升华。

工学结合是职业教育的一种教育模式，是把学校课堂学习和企业实践工作动态结合的人才培养模式。

产教结合通常是指企业与高等院校之间的联合，校企双方基于共同的利益，在人才培养、科学研究、技术研发、生产经营等方面发挥各自的资源优势，进行互惠互利的协作。产学合作中企业与高校合作的领域是多方位的，不仅体现在实习环节，还体现在教学的多个环节，包括培养目标、课程设置、教材编撰、师资建设、实践训练、专业评估等众多方面。

校企合作是校方的单向过程，这种合作只是职业院校/高校单方面联系企业，将学校的教育资源和企业的资源整合，达到职业院校和企业资源共享、共同发展的效果。

校企合作的内容主要包括人才共育、师资培训、企业员工进修培训、联合办学、项目开发、产品研发、技术改造、科技攻关和科技创新等形式和类型的合作。

从理论层面讲，校企合作是产教结合的下位概念，是指在职业院校与企业的合作，在微观上是具体的院校与行业、企业开展的特定项目的合作，包括专业设置、课程教材开发、学生实习实训、专兼职教师培养聘用，以及企业文化与校园文化的融合问题等。

产教融合是指产业与教育的融合，它是一个双向发力、互相整合的过程，企业和院校都是产教融合的主体。企业为职业教育的发展提供资金、场地等方面的帮扶，职业教育则为企业发展提供人才保障，双方各要素优势互补，共同促进各自效益的最大化。

产教融合，包括产教融合机制、产教融合政策、产教融合模式、产教融合理论。"产"是指生产，其主体是产业与行业，"教"是指教育，这里特指职业教育，主体是职业学校。产教融合是职业学校根据所设专业，把产业与教学密切结合，通过学校与企业、学校与产业的相互支持和协作，把学校办成集人才培养、教学研究、科技服务为一体的产业性经营实体，或者成立新的第三方经营实体，从而形成学校与企业浑然一体的办学模式。

"产教融合"与"校企合作"有所接近,但是本质完全不同。校企合作主要是指职业学校与企业之间的合作,其主要目的是解决学生实习实训的问题,强调的是职业学校学生的职业体验,企业与学校并没有形成一个综合的产业性经营实体,所以它并不是一种浑然一体的办学模式,其最本质的特征是学校与企业只是相互独立的个体。产教融合则强调学校和企业密切合作、协同育人,学校与企业合二为一。

第二节 产教融合的历史变迁

我国近代职业教育的教学活动已具备显著的产教融合的基本特征。黄炎培、陶行知等教育学家提出的知行合一等人才培养理念就具有产教融合的特征。[1]1934年2月,中华苏维埃共和国临时中央政府人民委员会第八号命令强调:"……用教育来提高生产劳动者的知识和技术使教育与劳动统一起来。[2]当时,学校经常组织学生参加劳动,有的还形成了半工半读制度。这些教育教学活动都带有产教融合的特点。

新中国成立至今,"产教融合"的内涵随着社会的发展而不断地发展。先后出现了教育与实践结合、半工(农)半读、产学研结合等培养理念,大致经历了三个阶段。

一、探索阶段(1949—1977年)

新中国成立之初至改革开放期间,我国在探索中发展社会主义,多次调整高等教育方针。这一阶段的产教融合形式也是多种多样的,主要有:教育与生产劳动相结合,半工(农)半读,开门办学,教学、科研、生产三结合的形式,脱产但不脱离劳动,厂校挂钩,校办工厂的形式;等等。

---

[1] 俞启定.中国职业教育发展史[M].北京:高等教育出版社,2012:120.
[2] 陈元晖等编.老解放区教育资料(一)[M].北京:教育科学出版社,1981:308.

1949至1956年的模仿阶段，这时期我国高等教育的主要模式是模仿苏联，进行大规模院系调整，建立起"教育与生产劳动相结合"的人才培养制度。在1950年6月8日召开的第一次全国高等教育会议上，阿尔辛节夫的发言为我国大学改革的方向定了调，教育要按照专门化的方向发展，高等学校要成为教育工人、农民和劳动者的地方。根据苏联高等教育的实际情况和经验，他提出培养专门人才需要理论要联系实践，学生需要到工厂学习。[1]1950年，《中央人民政府教育部关于实施高等学校课程改革的决定》提出培养通晓基本理论并能实际运用的专门人才。[2]这一时期，所进行的院系调整并未对当时经济和社会发展起到明显作用。

1957至1966年的调整阶段，我国开始摆脱教育领域的苏联模式，进行了教育大革命，走上独立自主的发展道路。为了多快好省地建设社会主义，创办了一批半工半读学校、半工半农学校和红专大学。《人民日报》发表《把教学、生产劳动、科学研究结合起来》的社论，提倡建立产学研结合的人才培养模式，明确提出这三者以教学为心，围绕教学进行生产劳动和科学研究。[3]1961年9月，经中共中央批准的《中华人民共和国教育部直属高等学校暂行工作条例（草案）》，即《高教六十条》，指出高等学校的基本任务是贯彻教育与生产劳动相结合的方针，人才必须掌握本专业所需要的基础理论、专业知识和实际技能。[4]1965年，周恩来作《政府工作报告》时强调："这种新型学校（半工（农）半读高等学校）能够培养出既能体力劳动、又有文化技术的全面发展的新型的人才来"。[5]此时，我国初步建立起现代工业体系，国家尤其强调培养能够投身到社会主义事业建设当中的人才。教育与生产劳动相结合的价值体现在培养社会主义建设者

---

[1] A·Π·阿尔辛节夫,李敬永.从苏联高等教育的经验略谈几个问题——苏联专家A·π·阿尔辛节夫一九五〇年六月八日在第一次全国高等教育会议上的发言[J].人民教育,1950(03):25-27.

[2] 关于实施高等学校课程改革的决定（政务院1950年7月28日批准）[M]//中国教育年鉴(1949—1981).北京:中国大百科全书出版社,1984:777.

[3] 李均.中国高等教育政策史:1949—2009[M].广州:广东高等教育出版社,2014:91.

[4] 中共中央关于讨论和试行教育部直属高校暂行工作条例（草案）的指示（1961年9月15日）[M]//何东昌.中华人民共和国重要教育文献(1949—1975).海口:海南出版社,1998:1060-1066.

[5] 半工半读、半农半读的学校是社会主义、共产主义教育的长远发展方向[J].人民教育,1965(3).

和接班人。

1966至1977年的极端阶段，"文革"期间，过于强调生产劳动，诸如朝农经验、上山下乡、半工（农）半读、五七大学和七二一大学等教育模式得到鼓励和发展。1974年9月29日，国务院科教组和财政部发布了《关于开门办学的通知》强调教学、科研、生产三结合，理论与实践的统一。[①]但此时过度强调教育与生产劳动相结合，人才培养走向极端。

这种办学模式通过强调教育与生产劳动相结合，改变以往轻视劳动的不良思想，转而理解和尊重劳动人民，产生浓厚的劳动情感与劳动意识。但是这种模式，虽然培养了人才的劳动情感和劳动意识，却对我国的高等教育造成了一定的破坏，产生了相应的负价值，囿于当时经济发展的结构与水平，对应用型本科人才培养的社会价值未得到充分发挥，未能更好地满足国家的政治需求，未能促进农业和工业的发展。

二、转型阶段（1978—2013年）

1978年，经过拨乱反正，各项工作走上正轨。在经济领域，进行了经济体制改革，建立了社会主义市场经济体制；在教育领域，开始了教育体制改革，恢复高考制度，恢复基本教育制度，高等教育逐渐走上正轨。随着"四化"建设的开展，社会对应用型本科人才的需求迅速增长，在"中央、省（自治区、直辖市）、中心城市三级办学体制"的口号下，此时出现了大批应用型本科高校，以"产学研结合"为中心的人才培养制度逐渐成熟。

1978至2004年，"教学、科研、生产联合体"得到提倡与建立。1985年5月27日，中共中央颁布的《关于教育体制改革的决定》指出教育体制改革要遵循"教育必须为社会主义建设服务，社会主义建设必须依靠教育"的指导思想；提出高等学校需要加强同生产、科研的联系，并实行用人单位委托招生制度。还指出改革的目的是提高民族素质，强调培养具有实事

---

① 李均. 中国高等教育政策史：1949—2009 [M]. 广州：广东高等教育出版社，2014：146.

求是、独立思考、勇于创造的科学精神和职业道德与纪律的人才。[1]一些地方本科高校为了保证地方经济和社会发展需求得到有效满足，不断探索尝试。如深圳大学鼓励学生进行短期就业，并且创办学生勤工俭学活动。[2]从90年代开始，产学研结合逐渐成为培养应用型人才和建设应用学科的主要方式。1993年2月13日，中共中央、国务院印发《中国教育改革和发展纲要》，强调培养应用型人才，发展应用学科，实现教学、科研、生产三结合。[3]同时，素质教育和终身学习理念深入人心，对应用型本科人才培养目标提出了更高的要求，人才的实践应用能力、终身学习能力、团队协作意识、坚定的意志品质得到更高的关注。1998年，教育部和国务院先后出台了《关于深化教育改革，培养适应21世纪需要的高质量人才的意见》[4]与《关于深化教育改革全面推进素质教育的决定》，[5]其中都强调要将"产学研"结合起来，要培养人才的自学、创新等能力和坚忍不拔的意志、艰苦奋斗的精神。

2005至2013年，逐步形成了关于实践教学改革、教师队伍建设和评价机制等方面的人才培养制度。其间，教育部、财政部先后出台了关于教学改革的意见——《关于进一步加强高等学校本科教学工作的若干意见》[6]、《关于实施高等学校本科教学质量与教学改革工程的意见》[7]、《关于进一步

---

[1] 中共中央关于教育体制改革的决定（1985年5月27日）[M]//教育改革重要文献选编. 北京：人民教育出版社，1998：23-24.

[2] 陈小波. 她在改革探索中前进——深圳大学简介[J]. 高教探索，1988（01）：79-82.

[3] 中共中央国务院. 关于印发《中国教育改革和发展纲要》的通知[J]. 中华人民共和国国务院政报，1993（4）.

[4] 中华人民共和国教育部. 关于印发《关于深化教学改革，培养适应21世纪需要的高质量人才的意见》等文件的通知[EB/OL].（1998-4-10）. http://www.moe.gov.cn/srcsite/A08/s7056/199804/t19980410_162625.html.

[5] 中共中央国务院关于深化教育改革全面推进素质教育的决定（1999年6月13日）[M]//何东昌. 中华人民共和国重要教育文献（1998—2002）. 海口：海南出版社，2003：286-290.

[6] 教育部. 关于进一步加强高等学校本科教学工作的若干意见[EB/OL].（2005-01-01）. http://www.moe.gov.cn/s78/A08/moe_734/201001/t20100129_8296.html.

[7] 教育部，财政部. 关于实施高等学校本科教学质量与教学改革工程的意见[EB/OL].（2007-01-22）. http://www.moe.gov.cn/s78/A08/moe_734/201001/t20100129_20038.html.

深化本科教学改革全面提高教学质量的若干意见》[①]都提出加强产学研合作教育，改革教学内容、课程体系与实践环节，并将它们纳入教学评估指标体系，培养人才的终身学习能力、创新能力、实践能力、交流能力、社会适应能力和团结协作意识。

2007年5月，应用型本科教育学术研讨会上，学者们提出应用型人才应该具备良好的技术思维能力，擅长技术运用，可以解决工作中的技术困难。[②]专家们普遍认为将产学研相结合，进行产学合作，是应用型本科高校教育教学改革的有效途径。

2010年，《国家中长期教育改革和发展规划纲要》提出施行校企合作、顶岗实习等举措的同时要加强双师型教师队伍与实训基地的建设。[③]学生的学习能力、实践能力、创新能力和终身学习观念需要得到着重培养与提高。

21世纪初，我国工业化发展迅速，为了实现经济增长方式的根本转变，技术创新变成首要任务，社会迫切需要大量应用型人才。人才在实践平台获得锻炼的机会，提高了自身的操作和实践能力，在实习过程中学会了与他人合作交流，团结协作，并且树立了不断学习的意识，同时了解了企业的工作环境，提高了社会适应能力。产教融合对人才培养的价值不仅仅体现在培养他们的劳动情感与劳动意识，还体现在提高他们的职业能力与学习能力、实践能力、创新能力以及终身学习能力等方面。他们的成长满足了工业化加速发展时期政府和企业的技术创新需求，使得产教融合对人才培养的本体价值和社会价值都得到了极大的丰富和发展。

[①] 教育部.关于进一步深化本科教学改革全面提高教学质量的若干意见[EB/OL].(2007-02-17). http://www.moe.gov.cn/srcsite/A08/s7056/200702/t20070217_79865.htmll.

[②] 本刊记者.探索本科教育人才培养新模式——"应用型本科教育学术研讨会"综述[J].教育发展研究,2007(Z1):126-127.

[③] 国家中长期教育改革和发展规划纲要工作小组办公室.国家中长期教育改革和发展规划纲要（2010—2020年）[EB/OL].(2011-10-29).http://www.moe.gov.cn/srcsite/A01/s7048/201007/t20100729_171904.html.

三、深化拓展阶段（2014年至今）

2014年，《关于加快发展现代职业教育的决定》，首次从国家层面明确地提出"引导普通本科院校向应用型院校转型，深化产教融合、校企合作。"①

这意味着我国产教融合对人才培养的价值迈入深化阶段。《关于学习贯彻习近平总书记重要指示和全国职业教育工作会议精神的通知》提出要着力提升学生的职业精神、职业技能和就业创业能力。②《关于引导部分地方普通本科高校向应用型转变的指导意见》提出发挥评估评价制度的作用，建立学校、地方、行业、企业和社区共同参与的合作办学和治理机制，建立产教融合、协同育人的人才培养模式。③坚持校企合作、工学结合，培养造就一大批创新能力强、适应经济社会发展需要的高质量各类型工程技术人才，而且制造人才需要具备职业道德和职业知识水平。次年，《制造业人才发展规划指南》鼓励企业为学生实习、教师实践提供岗位的同时要与高校共建实习、实践方案。④同时，鼓励培养人才的工匠精神。2017年，《关于深化产教融合的若干意见》提出培养"应用型人才"和建立"应用型本科"。⑤

产教深度融合能够满足应用型本科人才培养的需求，使人才具备创业能力、职业精神和适应能力。同年，《关于印发国家教育事业发展

---

① 中共中央国务院. 国务院关于加快发展现代职业教育的决定[EB/OL].(2014-06-22). http://www.gov.cn/zhengce/content/2014-06/22/content_8901.htm.
② 教育部. 关于学习贯彻习近平总书记重要指示和全国职业教育工作会议精神的通知[EB/OL].(2014-07-03). http://www.gov.cn/xinwen/2014-10/17/content_2766859.htm.
③ 中华人民共和国教育部,国家发展改革委,财政部. 关于引导部分地方普通本科高校向应用型转变的指导意见[EB/OL].(2015-10-23). http://www.moe.gov.cn/srcsite/A03/moe_1892/moe_630/201511/t20151113_218942.html.
④ 中华人民共和国教育部,人力资源社会保障部,工业和信息化部. 制造业人才发展规划指南[EB/OL].(2016-12-27). http://www.gov.cn/xinwen/2017-02/24/content_5170697.htm.
⑤ 中共中央国务院办公厅. 关于深化产教融合的若干意见[EB/OL].(2017-12-19). http://www.gov.cn/xinwen/2017-12/19/content_5248592.htm.

"十三五"规划的通知》指出要重视培养学生的适应社会发展能力、终身发展能力、职业道德、职业精神和工匠精神。[①]

随着产业的转型升级,政府基于经济发展的需求,对应用型本科院校提出转型要求,并将产教融合作为人才培养的重要途径。产教融合的人才培养模式,既顺应了国家的政策,又能够提升人才培养质量,提高毕业生就业率,获得较好的教学评估成绩。

这一阶段,我国产教融合对应用型本科人才培养的价值得到深化,应用型本科高校对自身的定位与发展也日渐明晰。在政府和社会需求的推动下,应用型本科高校也对产教融合人才培养模式做了积极探索,构建了更加适合应用型本科人才的培养内容,运用了更加丰富的培养方式,并寻求企业资源,建立了更加充足的产教融合培养条件。产教融合对应用型本科人才培养的本体价值体现在培养人才的工匠精神和职业精神上,体现在培养人才的创新创业能力以及应用性研究能力上,其本体价值得到深化的同时,社会价值也得到了进一步的发挥。

第三节 产教融合的问题探究

一、产教融合培养内容与企业、行业需求匹配程度不高

通过分析产教融合培养内容、方式和条件对应用型本科人才培养的路径模型,可以发现产教融合培养内容对应用型本科人才培养质量具有显著的直接效果,也通过产教融合培养方式对人才培养质量产生间接效果。如果培养内容能够匹配企业需求,那么人才培养质量可以得到有效保障。产教融合人才培养内容与企业、行业匹配程度不高,将直接导致应用型本科人才的职业能力和个性品质无法达到企业、行业发展的要求。恰当、科学和全面的产教融合培养内容应当囊括全面的专业知识、专业技能、创新创

[①] 中共中央国务院.关于印发国家教育事业发展"十三五"规划的通知[EB/OL].(2017-1-10). http://www.moe.gov.cn/jyb_xxgk/moe_1777/moe_1778/201701/t20170119_295319.html.

业知识，而且也需要注意在培养内容中加入个性品质塑造的内容。研究发现，目前应用型本科人才的职业能力和个性品质还需要进一步提升，说明产教融合培养内容存在不足，有待改进。产教融合培养内容不足的原因主要包括以下几方面。

（一）校企合作内容较单一

校企合作的内容集中于人才实习实训和技术创新开发，缺乏共建专业课程等内容。企业与学校合作，最看重技术开发与人才招聘。为了增强企业产品的技术性、科学性与竞争力，企业尤其注重与应用型本科高校的博士教师团队进行合作。应用型本科高校之所以主动与企业共育人才，也是为了履行人才培养的职能。因此高校较为积极主动地与企业沟通和商议人才培养。应用型本科高校与企业共同打造实训基地、实习基地、见习-实习-就业一体化基地、实践教学基地、人才培育基地、产教融合创新基地、产学研基地、产业学院、时尚创意学院等，为应用型本科人才培养创造较广阔的实践平台。企业将应用型本科人才在实习期或者已毕业在企工作的毕业生表现反馈给应用型本科高校相关人员，企业与高校针对应用型本科人才在企表现，提出人才培养改进思路和方案。虽然企业与应用型本科高校针对技术开发与人才培养进行了较为积极的沟通，以提出更加符合企业、行业需求的应用型本科人才培养目标，但是二者并没有更深层次的合作，如合作设置专业、设置和建构课程内容和体系。

应用型本科高校与企业共育人才的活动多为就业和简短的培训实习，缺乏制定人才培养方案这一方面的内容。为了提高应用型本科人才的就业效率和质量，政府也积极发挥作用，组织人才引进交流会、校企合作对接交流会等活动。但是人才引进交流会、校企合作对接交流会等是为了解决人才就业问题，而非共育应用型本科人才。部分应用型本科高校通过开展技术培训班、产业化讲座、实践观摩活动、技术培训班、专题讲座、参观等活动，让应用型本科人才直接观摩企业，帮助学生获得对企业和行业技术发展的深入认识。应用型本科高校还通过邀请企业高级技术人才到校开展讲座的方式，为应用型本科高校人才与企业在职技术人才直接沟通交流提供机会。有的学院更是直接开展技术培训班，安排应用型本科人才和在校教师共同参与培训，以提升应用型本科人才的专业技能，积累专业知识。虽然讲座、培训班等活动可以为应用型本科人才提供学习机会，但是次数少、时间短，无法为应用型本科人才提供长时间的培养与锻炼机会，对提升应用型本科人才职业能力和个性品质的作用有限。应用型本科人才培养方案一般由应用型本科高校各二级学院负责人与教师根据高校下发的《人才培养方案修订标准》等纲领性文件进行修订。企业、行业人员并未参与到人才培养方案修订过程之中，导致应用型本科人才培养方案无法及时满足应用型本科人才的培养需求，无法达到企业、行业对应用型本科人才的要求。

（二）校企沟通不稳定、不顺畅

应用型本科高校与企业沟通不稳定，因为二者并未建立持续性的稳定的合作。为了响应《关于深化产教融合的意见》，应用型本科高校从转型之始便积极寻求与企业、行业合作的路径。目前，应用型本科高校主要与政府、校友和企业三个方面展开合作交流。首先是政府引导，政府鼓励应用型本科高校展开产学合作协同育人项目的申报活动，并给予应用型本科资金支持。许多地方政府为应用型本科高校和企业"牵线搭桥"，为当地企业吸收大量应用型本科高校培养出来的优秀毕业生。其次是应用型本科高校充分发挥校友的优势，建立校友会，以优秀校友为中心，展开校企合作。最后是企业主动寻求合作，许多企业希望得到应用型本科高校的技术支持和人才供应，从而主动与应用型本科高校开展合作。应用型本科高校非常重视产教融合，部分应用型本科高校建立了专门的部门负责产教融合工作，建立产教融合工程实训基地，专门负责本校与企业、行业的沟通交流合作事宜。从应用型本科高校与企业合作的方式看，二者合作存在随意性和风险性，容易流于形式。

应用型本科高校与企业沟通制度不完善，导致二者沟通不顺畅，存在信息不对称的现象。作为产教融合的推进者与独立于校企双方的第三方，政府应当对应用型本科和企业、行业的沟通交流进行管理和监督，但是政府并没有对高校、企业的合作沟通实施管理和监督，产教融合具体落实得怎么样，并无法得到有效验证。这导致产教融合过程中的"敲竹杠"行为和投机主义，增加了应用型本科高校与企业产教融合的交易费用成本，从而弱化了产教融合的效果，影响了应用型本科人才的培养质量。

二、产教融合培养方式缺乏灵活、多样性

产教融合培养方式对应用型本科人才培养质量具有显著的影响，产教融合培养内容和培养条件都是通过产教融合培养方式对应用型本科人才产生作用。如果产教融合培养方式缺乏灵活性和多样性，应用型本科高校教师仅采取传统讲授法进行教学，将会显著影响应用型本科人才的职业能力和个性品质。为了提高应用型本科人才的职业能力和个性品质，应用型本科高校教师应该在课堂教学中充分采取项目式教学、情景教学等创新性人才培养方式，提高应用型本科人才的学习积极性。目前，应用型本科人才的职业能力和个性品质还需要进一步提升，说明产教融合培养方式存在不足，需要提高应用型本科高校教师课堂教学水平，改进教学方式。高校的人事、薪酬、教学和科研等制度的停滞不前，难以催生产教融合制度的变迁动力。

（一）教师培训制度不足，挂职锻炼效果不佳

首先，我国暂时没有对"双师型教师"进行清晰和明确的界定，导致应用型本科高校无法按照统一标准对双师型教师进行准入、培训和考核管理。应用型本科高校双师型教师培训主体一般只有高校，企业并未充分参与其中，企业人员缺乏对双师型教师的切身指导。应用型本科高校教师参与培训的动力不足，教师参与挂职锻炼无法得到额外的奖励，反而会挤占其休息时间，所以应用型本科高校教师参与性不高。应用型本科高校教师参与培训并无严格完善的考核制度，教师参与培训的效果无法得到验证，培训效果不佳。

（二）教师薪酬制度激励不足，教师欠缺教学创新动力

合理有效的薪酬制度可以显著提升应用型本科高校教师深化产教融合的动力，但是目前应用型本科高校的薪酬制度无法有效激励应用型本科高校教师积极转变教学方式，教师欠缺教学创新动力。应用型本科高校教师转变教学方式需要投入大量精力，但是教师基本工资水平低，绩效工资水

平也不高。同时，教师绩效工资并不与教师的教学效果进行挂钩，因此教师没有动力投入过多时间成本到转变教学方式上，而是将时间投入到科研成果发表等收益更高的活动中。

（三）教师教学评价内容单一，缺乏有效监督

应用型本科高校为了管理和监督教师，会采取教师评价的方式对教师教学进行管理和监督，但是应用型本科高校忽视了教师教学方式的评价内容，大多数教师采取讲授为主，PPT展示为辅的讲授法教学方式。应用型本科高校招聘教师较为看重教师的科研水平与能力，对其教学技能的重视程度较低，而教师培训中又缺乏相应的教学方式培训内容。高校内部的教师教学评价指标中，学生成绩、教师出勤和科研成果占比较重，缺乏教学方式等内容的评价指标。所以应用型本科高校对教师教学的评价内容较为单一，而且缺乏有效的监督。

三、产教融合培养条件难以充分支撑人才发展

与产教融合培养内容和方式相比，产教融合培养条件对应用型本科人才的职业能力和个性品质正向影响最显著。无论是职业能力还是个性品质方面，参与过实习实训的应用型本科人才均值都显著高于从未参与过实习实训的应用型本科人才。建设实训中心，让专业知识和技术水平较高的专门师傅带领人才进行实际锻炼，对人才进行专业技能的培训和巩固理论知识，并将理论知识运用到实践中具有重要意义，也能帮助人才在实践中塑造吃苦耐劳，坚定的意志品质，提高人才的应变能力，并且增强人才与他人沟通的能力。产教融合政策的有效性决定了给予应用型本科高校的资金与政策支持是否充分；决定了高校人才培养的物质基础和智力支持是否充足。

目前，产教融合对提升应用型本科人才职业能力的实现效果一般，这充分地说明了应用型本科高校难以满足人才培养和发展的需求，因为其产教融合培养条件并不充分。产教融合培养条件存在以下不足，导致应用型本科高校难以实现人才培养发展的需求。

（一）实训平台建设不足

应用型本科高校实训平台质量与数量不足，亟须得到有效关注与解决。政府对转型发展的应用型本科高校给予政策和资金支持，自2016年起，部分应用型本科高校建立了新的校内实训中心和基地，但是现存的实训基地数量依然不多。应用型本科高校多与企业建立合作关系，利用企业的设备和资源，为应用型本科人才提供校外实践平台。但应用型本科人才参与校外实习、实训的成本较高，应用型本科高校由于经费紧张等问题，也难以保障每个应用型本科人才可以有丰富的实习、实训机会。企业内部并未建立完善的制度保障应用型本科人才的培养，更难以保障应用型本科人才的实习质量。

（二）应用型本科人才实习、实训机会不足，实习、实训制度不完善

虽然应用型本科高校在人才培养方案中明确规定了学生需要参加实习等实践教学环节，并将实习实训作为人才培养的重要环节，但应用型本科高校的实习实训制度并不完善，使得应用型本科人才无须严格遵守实习实训制度，也可以获得相应的学分，对其顺利毕业没有产生任何负面影响。

（三）省属与民办应用型本科高校产教融合培养存在差异

省属院校属于政府拨款办学高校，其主要经费来源于政府拨款，产教融合培养水平主要取决于政府支持和资金投入。学生学费是民办院校经费的主要来源，民办院校办学经费较公办院校办学经费更为紧张。省属院校的培养内容、培养条件均高于民办院校。

在产教融合培养内容方面，省属应用型本科高校的培养目标、课程和专业建设更加符合企业、行业的需求，更加符合应用型本科人才培养的定位。在产教融合培养条件方面，省属应用型本科高校具有更加充足的资金支持和政策支持，拥有更多企业人才到校任教；具有数量更加丰富的、基础设备更好的实习实训平台；具有更多实训岗位与专业师傅指导，并且企业的专业师傅具有更多的实践经验和更高的技术水平，在政策和资金方面也能获得更多的支持。不过，在产教融合培养方式方面，民办应用型本科高校的教师具有更为丰富多样的教学方式，会将企业文化融入教育教学过程之中。

（四）应用型本科人才专业技能和个性品质评估不到位，评价制度不完善

应用型本科高校对应用型本科人才的评价和考核主要集中在理论课程成绩上，因为专业理论知识和通识知识的考核可以通过试卷的形式进行评估，具有可量化特征。但是专业技能和职业能力难以得到量化，也难以编制合理、科学的评估工具，应用型本科人才的专业技能和个性品质无法得到合理的评价，难以评估人才培养质量。

（五）产教融合政策支持不充分，资金支持不充足

首先，美国、德国和日本等发达国家具有较长的应用型本科高校发展历史，美国的综合性大学、德国的应用科学技术大学和日本的技术科学大学都是应用型本科高校的优秀典范。为了支持本国应用型本科高校的发展，在本国政府的支持和引导下，美国成立了全国合作教育委员会和合作教育协会；德国成立双元制大学共同管理机构；日本设立了产学合作协调机构。我国至今仍未成立专门的产教融合部门，负责协调和管理产教融合的相关事务。

其次，2017年，国务院颁发《关于深化产教融合的若干意见》，其重点任务分工表格中，明确了教育部、人力资源社会保障部、财政部等相关责任单位的分工，表明我国高度重视和鼓励产教融合。但是在2020年颁布的《关于深入推进创新型产业集群高质量发展的意见》等政策文件时，可以发现我国在关于经济和产业发展规划的政策中并没有给予企业、行业明显的产教融合政策引导和资金支持，以提高企业、行业的产教融合积极性。

最后，虽然我国在2019年颁布了《国家产教融合建设试点实施方案》，积极推行建设产教融合型企业，并于2021年颁布《关于国家产教融合型企业名单的公示》，但是由于政策颁布到具体落实需要时间，目前关于产教融合型企业的研究主要围绕着概念界定、组织建构、建设路径等方面，还处于初始阶段。

第四节　培育工匠精神　推进产教融合

2017年，国办印发《关于深化产教融合的若干意见》为高校产教融合提供了政策、平台、制度及监督等各方面的保障。各高校纷纷开始探索不同形式、不同程度的融合教育。从合作范围分析，目前高校和企业主要聚焦人才培养、科技服务和社会培训等方面；从教学形式分析，主要包括合作办学、冠名办学、订单培养和定向培训等；从规模机制分析，主要包括科研项目合作、融合基地共建到二级学院联合等。目前，高校对于产教融合的尝试是多元化、多面化和多阶段的，产教融合的初步成效较为显著，为许多行业一线提供了数量充足、质量稳定的人才供给，高校和企业两方面对人才的培养要求趋于统一，促使大规模产教融合得以形成。产教融合的培养模式不仅在短期内为行业输送了充足的人才资源，同时也完成了高校应用型人才培养模式的转型。有分析认为，"产教融合是一个双向发力、双向整合的过程，企业和高校都是产教融合的主体。只有二者组成一个休戚相关的利益共同体，才能真正实现产教融合"[①]。

一、供需两端，推进产教融合

学校教的技能，企业用不上；企业需要的技能，学校没有教——解决职业教育人才培养和产业发展"两张皮"问题，必须深化产教融合。2023年5月，国家发展改革委等8部门联合印发《职业教育产教融合赋能提升行动实施方案（2023—2025年）》（以下简称《方案》），提出到2025年，国家产教融合试点城市达到50个左右，在全国建设培育1万家以上产教融合型企业，产业需求更好融入人才培养全过程，逐步形成教育和产业统筹融合、良性互动的发展格局。

---

① 郑谦.高校应用型人才培养的关键参与主体及其影响力评价体系构建[J].内蒙古农业大学学报（社会科学版），2020，22（4）：27-32.

推进职业教育产教融合，培养更多高素质技术技能人才、能工巧匠、大国工匠，对于建立现代化产业体系、建设人才强国、保障民生、促进就业都具有重要意义。

职业教育的生命力在于实践和应用。产教融合、校企合作是职业教育的基本办学模式，也是职业教育最突出的办学优势。由于产教融合涉及多个主体，参与动力强弱各异，"合而不融，融而不深"的现象长期存在。现实中，有的职业院校的专业设置与产业需求匹配度不高。另外，产教融合、校企合作还存在"剃头挑子一头热"的情况，部分校企合作停留在协议层面或劳务用工的表层，企业未能深入参与职业院校人才培养过程。

产教融合做得好不好，关键在于职业教育与产业发展结合得紧不紧，是否形成了良性互动。因此，破解人才供需"两张皮"，需要双向发力。

在供给端方面，职业教育人才培养必须以产业需求为导向，切实做到"学科跟着产业走、专业围着需求转"，促进教育链、人才链与产业链、创新链的有效衔接。鼓励引导职教院校优先发展先进制造、新能源、新材料、生物技术、人工智能等产业需要的一批新兴专业，加快建设护理、康养、托育、家政等一批人才紧缺的专业，改造升级冶金、建材、轻纺等领域的一批传统专业，撤并淘汰供给过剩、就业率低、职业岗位消失的专业。

在需求端方面，针对"校热企冷"的情况，支持有条件的产业园区和职业院校、普通高校合作举办混合所有制分校或产业学院，支持推进职业学校股份制、混合所有制改革，允许企业以资本、技术、管理等要素依法参与办学并享有相应权利，打消企业顾虑，变"一头热"为"两头甜"。

深化产教融合，要充分调动各方参与主体的积极性，校企都受益才能持续激发协同育人动能，让学生真正学有所成、学以致用。这既需要制度供给的保障、教育理念的转变，也需要真金白银的投入。目前，经过各方共同努力，中央预算内投资引导撬动，各级各类资金协同发力、共同支持职业教育产教融合的投融资工作格局已经基本形成。

未来，以产教融合为突破口，职业教育将为现代化产业体系贡献更多高素质人才，也将帮助更多年轻人通过技能改变人生、成就梦想。

二、多方协同，推进产教融合

产教融合参与主体多元，如何"握指成拳"、形成合力，是产教融合走向深入的关键。实践层面，特别需要强化协同联动，充分发挥地方政府、高校、行业协会、企业机构等多方作用，促进教育、产业、人才、资金等要素集聚融合、优势互补。

为此，《方案》强调推进建设国家产教融合试点城市、建设培育产教融合型企业，要求在"十四五"教育强国推进工程储备项目库中，新增200所左右高职和应用型本科院校。同时要求，高质量完成"十四五"规划《纲要》提出的"建设100个高水平、专业化、开放型产教融合实训基地"的重大任务。

一系列目标的提出，将充分发挥政府统筹、产业聚合、企业牵引、学校主体作用，促进产教融合长期、可持续发展，保证职业教育资源的系统性、完整性。

有效的激励方式，能够在短时期内促进产教融合的深度发展。《方案》提出健全激励扶持组合举措，大力扶持职业教育高质量发展。在这样的背景下，优先发展起来的城市、企业、院校、基地等"头雁"集群，将享有"金融+财政+土地+信用"组合式激励政策。

学校和企业是产教融合过程中的两个核心要素。高质量的产教融合，是校企相互满足合理需求的双向奔赴，更是站在不同利益视角的协同发展。必须看到，企业方侧重于产品创新、拓展销路、提高利润；院校方则更加关注人才培养质量和示范影响力。校企合作需要以双赢为基础，不断延伸教育链、服务产业链、支撑供应链、打造人才链、提升价值链。

首先，校企合作必须遵循国家经济社会发展需求，紧盯产业链条、市场信号、技术前沿和民生需求，当前我国产业发展的升级障碍、创新瓶颈和技术难题，就是产教融合的主攻阵地。对此，《方案》提出了一批重点行业，包括新一代信息技术、集成电路、人工智能、工业互联网、储能、智能制造、生物医药、新材料等战略性新兴产业，以及养老、托育、家政等生活服务业等行业。

其次，学校、企业各司其职，找准自身定位。将企业的用人需求与学校的育人能力结合，让职业院校的专业建设标准、建设条件适配企业的技术迭代发展进度，培养出真正能被市场接纳的高素质人才，在产教融合中实现共赢。

在教育端，《方案》要求完善职业教育专业设置。鼓励引导职教院校优先发展一批新兴专业，加快建设一批人才紧缺的专业，改造升级一批传统专业，撤并淘汰供给过剩、就业率低、职业岗位消失的专业，开设更多紧缺的、符合市场需求的专业，从而形成紧密对接产业链、创新链的专业体系。在产业端，《方案》提出引导企业深度参与职业院校专业规划、教材开发、教学设计、课程设置、实习实训，实行校企联合招生、开展委托培养、订单培养和学徒制培养，促进企业需求融入人才培养各环节。

最后，在校企合作的头部阵营中优先形成有效互动机制，以企业发展拉动人才培养各个环节的改革进程，以人才培养快速满足企业人力资源需求。

《方案》提出，支持职业学校联合企业、科研院所开展协同创新，共建重点实验室、工程研究中心、技术创新中心、创业创新中心、企业技术中心等创新平台，服务地方中小微企业技术升级和产品研发。在实际操作层面，这一要求拥有着较好的现实土壤。一方面，伴随职业教育优势专业和品牌效应的聚集，职业院校的创新能力和科研实力逐渐增强；另一方面，通过企业和院校共享优质资源，企业出题、联合组队，能够在共享技术平台中实现企业技术升级和技术技能人才的创新培养，在产教融合的过程中促进科教融合。

三、育人为本，推进产教融合

校企联合培育人才的根本使命，是全面贯彻党的教育方针，落实立德树人根本任务。当前，应更加关注人本身的知识结构、创新思维和技术技能标准的优化，最终让个人的发展更加适应时代需要，提升个人的能力，引领未来行业企业发展。

《方案》提出，打造以产业园区为基础的市域产教融合联合体，在重点行业和领域打造行业产教融合共同体。这意味着，未来将进一步发挥职教集团（联盟）、市域产教融合联合体、产教融合共同体的作用，以提升人才培养质量，促进高质量就业。其根本目的是促进人的全面发展，提升思想境界、职业道德、生命质量和生活福祉。

《方案》要求，培养服务支撑产业重大需求的技能技术人才。这是满足产业转型升级的需要。但同时也应看到，产教融合培养人才的实施过程，更是企业技术创新和学生职业知识、能力、素养培养过程的有机融合，通过科学的实践性教学设计和合作培养，能够帮助学生实现从学习者到职业人的转变。持续提升技术技能水平、传承工匠精神，将充分调动学生参与产品优化设计、改善生产流程的积极性和主动性，最终提升产教融合的内在动能。

产教融合联合体、共同体或协同创新平台都是在为人的全面发展提供更加充分的支持和保障。通过不断优化创新思维，进行探索实践，能够在职业领域中不断提升人民群众的满意度和幸福感。

四、培育工匠精神，推进产教融合

（一）培育工匠精神，实现双元育人

学生是学校和企业共同培育的对象，培育学生或学徒的工匠精神，是校企双方的共同目标，企业需要工匠精神，学校更是培育工匠精神的主体，以培育工匠精神为切口，实现校企双方共同育人。

1. 开展校企对口合作

学校根据专业设置，选择对口的企业进行深度合作，采用订单式人才培养策略，对学生工匠精神进行全面培养。立足于产教融合，将学校与企业的资源进行整合配置，构建校企双元育人模式。学校根据企业对人才的需要及岗位的需要，对学生的专业知识、专业技能、工作能力及职业精神进行针对性的培养。以培养学生工匠精神为主，将企业人才培训与学校专业教学进行完美对接，在多元文化的熏陶和引领下，使学生真正感受到工匠精神的意义和价值。通过校企对口合作、共同育人的模式，对学生的工匠精神进行培育，不仅可提高人才培育质量，还可解决企业在创新型技能人才方面的缺口问题，并为学生求职和就业提供更多的渠道和机会，实现

学校、企业、学生三方共赢。

2. 完善校企合作机制

在校企合作中，要完善校企合作机制，设置奖励机制、监督机制和管理机制等。通过奖励机制，激发企业和学校合作育人的积极性；通过监督机制，保证校企合作的规范化；通过管理机制，完善人才选拔体系。一方面有利于企业长期人才培养，另一方面有利于学生优质就业、学校课程优化改革。完善的合作机制，能转变企业的角色，让企业成为办学主体，企业和学校一起制定人才培养方案，开发课程、研究教学，参与学校的考核评价等环节，真正发挥企业育人的作用。

3. 编写校企合作教材

在产教融合的视域下，校企双方要共同编写合作教材，实现教材的共享共建。随着校企合作的深入，合作教材在内容、培育目标等方面还要不断完善和扩充。在教材的内容体系上，为了培养学生的职业素养，缩短学生进入企业后的适应期，教师要主动和企业联系，不仅要关注专业知识领域的前沿技术，也要把工作中所需的专注的信念、服务的意识、奉献的精神等内容融入教材体系，使学生通过教材课本直接接触到工匠精神，理解工匠精神对岗位的重要性。

（二）培育工匠精神，构建校企文化

学校在开展社团活动、竞赛等过程中，融入企业文化，能更好地宣传工匠精神，培养学生的职业素养，提高学生的职业道德。

1. 打造以"工匠精神"为主题的校园文化

校园文化是培育大学生工匠精神的重要隐形载体，它能全方位地影响学生的思想和行为趋向，引导学生树立正确的价值观，学校应着力营造良好的文化环境。

一是构建校园物质文化，营造浓厚的校园文化氛围，积极宣传工匠文化和工匠精神，在教学区域、公共区域，设置工匠文化景观、工匠精神宣传展板等，用文字或图片的形式对企业岗位相对应的工匠文化进行宣传，对工匠精神进行宣传，让环境和氛围对学生的成长起到积极的影响。

二是构建校园精神文化，开展以工匠精神为主题的校园文化活动，鼓励学生参加技能大赛，不仅可以提高学生的专业技能水平，培养其职业素质，还可以使学生加深对工匠精神内涵的认识以及对工匠精神的认可和推崇。

三是构建校园行为文化，鼓励学生参加与专业相关的社团实践活动，通过实践活动教育学生，宣传现代工匠精神的意义和内涵，可设立"校园劳动周"激发大学生的劳动意识。还可以举办"劳模进课堂"活动周，邀请优秀企业家或行业工匠到学校举办讲座与经验分享活动，与学生近距离接触，通过相互交流，感受现代工匠精神，从而使得工匠精神真正融入他们的思想。

2. 构建以"工匠精神"为核心的企业文化

企业是工匠精神培育的重要阵地，也是推进产教融合的关键点。在校企合作的过程中，企业不仅是学生进行技能锻炼和学习的场所，同时也是学生毕业之后即将进入的工作场所。因而企业也应发挥其育人的主体作用，充分利用优势资源，构建以"工匠精神"为核心的企业文化，从而营造利于培育工匠精神的工作环境，可以让进入企业实习工作的学生能够切实体会工匠精神。

将工匠精神融入企业文化当中，融入工作制度、员工操守以及产品要求等多个方面，让学生切身感受到工匠精神，认同企业的文化，进而形成工匠精神。另外，在产教融合育人的过程中，可以挑选具备工匠精神的员工带教实习学生。现代学徒制和企业新型学徒制当中，师傅的工作风格对于徒弟有着重要的影响。所以企业必须要挑选具备工匠精神的优秀员工作为师傅，从技术到实操再到职业操守，都能够对徒弟进行正确影响，使之形成工匠精神。最后，将工匠精神作为评价实习学生的标准，一方面企业可以将工匠精神作为评价学生实践成绩的重要参考标准；另一方面，企业可以将学生实习期间是否具有工匠精神，以及实际职业素养的表现作为其毕业后能否留下的直接衡量指标，二者结合促进学生工匠精神的养成。

（三）培育工匠精神，推进产教融合

工匠精神的培育可以提高学生的职业技能和职业素养，也可以更好地促进企业的发展。随着互联网的发展，实体经济的发展不容乐观，压力与日俱增，在激烈的市场竞争中，企业要想生存下来且稳定地发展，必须得保证产品的质量，优质的产品来源于具备工匠精神的员工，他们可以依靠认真踏实的工作态度，高标准、严要求地对每个环节和流程进行把关，对每一个产品进行完善，对每个细节进行精雕细琢，这样的产品推向市场才会受到消费者的喜欢和认可，对企业来说也更容易取得长久的利润，在同行中赢得良好的声誉，从而立于不败之地。同时，具有工匠精神的企业文化能促进企业精神的传承，从而促进企业的进一步发展。

开展校企合作，推进产教融合。对工科学生而言，可以规定其在大学阶段必须到企业或工厂实习一定的时间，并且必须认真工作，单位才能给其出具实习合格证明，这样可以缩短理论和实践之间的距离，从而使得学生在结束学习生涯，进入社会后可以快速地完成角色转换。对非工科学生而言，企业可以采用理念宣传的方式，来涵养学生的理解力、领悟力、践行力，为其形成合理的择业观奠定良好的基础。学生可以利用学习公司文化的方法来树立工匠精神，践行职业道德，从而使得自己能够坚守岗位，在平凡中创造不平凡。除此之外，公司也可以采取引入一批教师进行挂职体验的办法，使其近距离感受与接触，加深教师们对工匠精神的学习与了解。

优秀企业的形成和发展并不是一蹴而就的，它靠的是企业运行的各个环节长时间的努力与积累，以及特有的以工匠精神为核心的企业文化。通过培育工匠精神，在学校和优秀企业之间搭建桥梁，建立联系，能够为大学生提供发挥工匠精神的实践平台。产教融合、校企合作对培养大学生的工匠精神有着非同小可的作用，仅仅凭借高校的一己之力，来促进工匠精神的养成显得势单力薄。面对这样的情况，高校要开拓发展全新的教学形式，将理论与实践密切地连接起来，真正实现学以致用。

校企合作、产教融合是培育工匠精神的重要保证，学校和企业之间在日常教学与生产研究方面展开交流与融合，可以从多方位、多角度开展培养工作，从而使得大学生对工匠精神的了解更为清晰与透彻。同时，培育学生的工匠精神，也能为企业培养优秀的员工，解决企业招人难用人难的问题，为企业的发展奠定基础，更好地推进产教融合。

第九章 培育工匠精神 构建企业文化

第一节 企业文化内涵与特征

社会主义市场经济体制决定了我国企业文化是社会主义企业文化，马克思主义文化观是我国社会主义企业文化的指导思想。

一、企业文化的内涵

企业文化是经济与文化相结合的产物。目前，国内外对企业文化的定义多达100多种，理论界对企业文化的理解也有较大分歧。

根据《说文解字》拆解、解析"文化"，其中引用"文，错画也，象交文。"[1]"错画"，即交错刻画。"文"，可进一步引申为文字或者文辞。"化，教行也。""教行于上，则化成于下"[2]通俗地讲可理解为上行下效，"化"，即下级按照上级指示的方式开展工作。"化"即教化，即引导人们朝着被希望、被要求的方向发展。"文化"是古代统治者管理百姓、治理社会的重要手段。文化是人类活动的过程，其最初为主观创造，随着发展逐渐形成客观存在的现实，可以理解为人类在长期的社会生活中形成的习惯，是漫长岁月中沉淀和积累下来的历史传统。当今世界正处深刻变革的历史时期，企业的生存和发展也受到了新的挑战。企业只有解决文化方面的问题，才有可能实现稳定长期发展。

国内外学者对企业文化进行了广泛研究，并都尝试进行了定义，其

---

[1] 许慎. 说文解字[M]. 北京：中华书局，1963：185.
[2] 段玉裁. 说文解字注[M]. 北京：中华书局，2013：388.

概念虽有分歧，但是基本观点大同小异。主要观点如下：第一，认为企业文化强调的是企业员工，从企业管理的角度而言，要把企业员工作为企业管理的核心要素。在以人为本的基础上，企业文化建设的目标是要把企业建设成一个人文命运共同体，作为共同体中的企业员工，都有着强烈的使命感和社会责任感。第二，认为企业文化是一种价值观，是指导企业员工和企业行为的基本准则，是企业发展的信仰和灵魂，国务院资产监督管理委员会对企业文化下的定义是："企业文化是在一定的历史条件下，一个企业或经济组织在长期实践中形成并被公众普遍认同的价值观念、企业精神、英雄模范、文化环境、产品品牌及经营战略的集合体，是一种凝聚人心实现自我价值、提升企业核心竞争力的无形力量和资本。"[1]第三，认为企业文化是一种员工工作态度，企业文化为人们提供了一种想问题办事情的方法和观点。

国外理论界对企业文化的理解各有不同，主要有以下几种观点：企业文化的概念的提出者特雷斯·迪尔（T. E. Deal）和阿伦·肯尼迪（A. A. Kenedy）认为企业文化有五个构成要素，认为企业文化包括价值理念、英雄人物、企业环境、利益和习俗、文化网络等方面的内容。[2]威廉·大内认为："企业文化主要是由其传统习俗和人文风气构成的。此外，企业文化还包含一个企业的价值观，如积极进取、追求卓越，即确定企业发展目标，指引企业发展方向的价值观。"[3]

国内学者对企业文化的内涵也进行了多层次的研究和分析，主要观点如下：企业文化专家王成荣和周建波认为："企业文化是指企业领导者带头倡导和践行，并得到企业全体员工一致认同和接受的在企业发展经营过程中所形成的价值观念、道德规范、行为准则和风俗习惯的总和。"[4]文化部原副部长高占祥认为："企业文化作为社会文化体系中一个有机的重要

---

[1] 邵学全. 赢在企业文化：企业文化建设路径方法与操作实务[M]. 北京：清华大学出版社, 2015: 5.
[2] 刘海军. 企业文化要素对内部控制影响实证研究[D]. 大连：大连理工大学, 2019: 8.
[3] 孙耀君. Z理论—美国企业界怎样迎接日本的挑战[M]. 北京：中国社会科学出版社, 1984: 23.
[4] 转引自王飞. 民营企业文化建设研究[D]. 昆明：昆明理工大学, 2021: 11.

组成部分，它不仅体现了民族文化的特色，在企业内部融入了现代意识，而且是在民族文化和现代意识的持久影响下形成的具有企业个性特色的群体意识及行为规范。"[1]

综合来看，企业文化是指由企业领导者或企业家倡导践行并得到全体企业成员普遍认同、接受和遵守的价值观念、道德规范和行为准则的总和，其内容包括物质文化、行为文化、制度文化与精神文化等，核心是企业精神文化。

二、企业文化的内容

"企业文化结构就是企业文化的构成、形式、层次、内容、类型等的比例关系和位置关系，它体现了各个要素连接的方式，以及企业文化的整体模式。"[2]一般来说，企业文化的基本结构是由浅层到深层的，主要包括物质文化、行为文化、制度文化和精神文化四个层次。

（一）企业物质文化

企业物质文化是一种以物质性为表现形式的企业文化。它主要由企业产品、企业徽标、企业建筑物和企业环境等内容组成，属于企业文化的表层文化。企业物质文化可以通过企业厂房的建设来表达，如通过生活环境、工作环境和文化娱乐设施的优化和提高，或者通过生产技术的进步、产品的创新和产品服务质量的提升来体现。良好的企业物质文化环境能够有效提高员工的工作积极性和工作效率，使员工对企业产生强烈的归属感。

（二）企业行为文化

企业行为文化是一种以注重行为规范的形式存在的企业文化，主要包括企业整体行为、企业家行为、企业榜样人物行为和企业员工群体行为等要素。这是企业的日常行为标准和行为习惯，属于企业文化的浅层文化。其主要包括是企业在生产经营过程和员工日常管理等活动中形成的行为习惯。企业行为文化作为企业核心价值观和企业精神的重要体现，它集中表

---

[1] 刘光明. 企业文化[M]. 北京：经济管理出版社，2002：24.
[2] 杨少龙. 企业文化与企业安全教程[M]. 北京：北京理工大学出版社，2017：29.

现了企业管理和人际关系的主要特征，具有明显的直观性，是企业文化的外在体现。

（三）企业制度文化

企业制度文化是一种以管理、组织和法律为形式的企业文化。它是指对组织和成员施加规范和约束并具有组织特征的道德规范和行为准则的总和。它主要包括企业领导体制、企业组织结构和企业管理制度三个方面，处于企业文化的中层。它的主要包括企业的组织结构以及生产经营的管理，这些内容的核心是组织结构中的领导体制。制度文化是有形的、限制性的、系统的和全面的，它是思想的体现和精神文化的具体化。企业制度文化有利于企业员工形成与企业发展相适应的价值观念，是企业各项生产、经营和管理有序推进的根本保证。

（四）企业精神文化

企业精神文化是企业在生产经营活动过程中受到社会文化环境的影响而形成的精神文明成果。它主要包括企业精神、企业哲学和企业核心价值观等内容。企业精神文化是企业文化的核心，处于整个企业文化体系的核心，主导着其他三个层次，决定了企业文化的发展方向。与其他层次相比，企业精神文化最难以形成，它依赖于企业的长期生产和经营活动以及学习促进，并受到社会和文化环境的影响，它是其他层次的升华和结晶。

三、企业文化的特征和功能

（一）企业文化的特征

第一，企业文化具有特殊性。每个企业的发展历程、经营规模、管理理念等各不相同。这些不同因素综合起来，便形成了具有该企业特色的经营作风、价值观念以及发展目标等。

第二，企业文化具有自觉理性。区别于普遍意义的文化，企业文化是由企业自觉意识所构成的精神文化体系，是采取特定的文化手段，来达成激发员工自觉性的特定目的，是高度理性化的文化。

第三，企业文化具有凝聚性。企业文化能够对所属员工起到凝心聚力的作用，将员工群体整合成有机整体，并由此产生推动企业前进的精神力量。

第四，企业文化具有调节性。企业文化构成特定文化氛围，是自觉的集体努力所形成的具有导向性的文化氛围。企业员工会在这种氛围中调节自身心态、行为，以此顺应文化导向的要求，并自觉地扮演好在企业中的角色。

（二）企业文化的功能

第一，企业文化具有导向功能。企业文化中最主要的力量之一就是对企业的导向功能，通过正确的观念形态指导企业中的个体去实现预期的目标，正是因为企业文化的导向性，企业依托制度体系，搭建文化载体，规范员工行为来明确企业的价值导向和行动目标，为企业锚定航向。

第二，企业文化具有凝聚功能。没有凝聚力的企业就像一盘散沙，难以建成高楼。当企业全体成员能够发自内心地认同和接纳企业文化时，就会形成基于共同认知的强大凝聚力，为了共同的理想和目标抱成一团，激发员工的集体荣誉感、归属感。

第三，企业文化具有激励功能。优秀的企业文化往往能够在无形之中潜移默化地激发员工的工作积极性和创造性。企业文化作为企业的精神支柱和集体信仰，一方面通过心理认同、道德规范和舆论导向激发员工的主动性和积极性来增强企业的整体执行力；另一方面，良好的企业的文化氛围能够激发员工的潜力和创造力，使员工作为个体能够更全面地发展，发挥更多的价值。

第四，企业文化具有协调功能。一方面，企业文化能为企业内部的员工营造一种和谐的氛围和舒适的企业环境，缓和员工在工作中的紧张情绪，化解人际关系方面的矛盾，通过企业文化调节内部关系，使员工达到一种轻松和谐相处的状态。另一方面，良好的企业文化还能够协调企业与外部的社会关系，树立企业的社会形象，构建和谐的社会环境使企业在社会中得到可持续发展。

第五，企业文化具有辐射功能。企业文化不但能影响企业内部，而且对企业外部也能形成辐射效应。一方面，企业文化对企业内部的辐射功能主要作用于企业内部的员工，通过制度、行为和物质文化作为载体，以无形的手塑造全体企业员工认同的行为准则。另一方面，由于企业文化是社会文化的子系统，企业文化与外部社会息息相关。企业文化通过打造企业良好的外部形象，提升信誉来扩大对外部社会的积极影响，从而为企业营造良好的外部环境，创造更多的发展机会。

四、企业文化建设过程中存在的问题

（一）注重形式建设，忽略质的内涵

近年来，在企业文化建设的过程中，对形式的追求大于内涵。有的企业在进行文化建设时，没有开展广泛调研，不知道员工的实际需求；有的企业管理者，对企业文化缺乏科学的认知，进行文化建设只是为了应对任务和检查，生硬地、强制性地对员工进行思想灌输，没有起到实质性效果，导致文化建设的工作不能落到实处；有的企业仅仅是举办一些活动，进行歌舞表演、球类比赛，把举办的次数和员工参与度作为文化建设考核的指标；有的企业把文化建设的思想写成标语，制成横幅，提成口号，就算完成任务。这样进行的文化建设只是流于表面，重于形式，没有真正让员工领悟到文化建设的内容，更不能对党的指导思想有本质上的认识。这样进行的企业文化建设，没有得到员工的认同，也无法引起员工的共鸣，对企业发展自然不能起作用。

总之，在企业文化建设过程中过于注重形式，便会本末倒置，从而忽视企业文化的内涵和价值，也就无法对企业的持续稳定发展起到有利作用。

（二）同质化现象突出，缺乏个性

在企业文化建设的过程中，还存在着同质化问题。大部分企业的文化建设工作，缺乏与本企业相适合的专业方法，不能结合自身发展的实际，只是简单地把别的企业的优秀文化照搬过来。这种照搬模式不利于企业的经营和发展，制约着企业的经营管理。企业的生存与发展，必须要有文化支撑，企业文化是企业发展的指引和方向，企业文化决定着企业的发展方向。

在企业文化建设过程中，同质化现象的出现，导致企业之间的文化建设高度相似，内容也基本雷同，自然不能体现企业自身的特色，忽视了自

身的优势和特点，文化建设也就失去了本来意义，也就不能反映出企业的文化差异。

（三）制度保障不健全

在企业的文化结构中，制度层面是企业精神和文化在形式上的表现，是公司在文化管理过程中的具体承载物。换句话说，有形的、具体的公司制度以及员工行为准则，是抽象的文化管理工作的具体表现形式，即企业管理层制定的规章制度和各种规范性要求，让员工的行为有了参照标准，从而在日常经营过程中对自身行为进行规范，这种自觉转变为行动的过程，就是企业通过制定规范制度来进行文化建设的过程。企业文化建设过程中，制度保障体系的问题主要表现在以下三个方面。

第一，企业在制定规章制度方面，没有明确的参考原则。文化建设工作没有结合生产实际，不能将二者高度融合在一起，不能给企业带来更高的经济效益。

第二，制度体系不完善，激励机制不健全，对员工的积极性调动不够。有些企业没有制定科学有效的企业文化制度，考评体系也不够完善，针对文化管理过程中出现的问题，也没有进行分析和改进。

第三，企业制定了文化制度后，执行力度明显不足，不能很好地约束员工行为，制度也不能起到有效的保障作用。

第二节 培育工匠精神 构建企业文化

一、企业文化构建的内容

（一）培养企业精神

企业的内在精神和文化能够激发企业在市场博弈中的发展动力和顽强生命力，同时有效作用于企业内部的凝聚力，不管是从企业文化建设，还是从企业长远发展的角度分析都必须重视企业精神的塑造与培养。从表层上看，企业文化只是企业的制度与行为形象，但从更深层次的角度来看，其充分体现了企业的价值观与企业精神。基于企业核心价值观，企业文化建设需要将表层文化和深层文化有机结合，其中企业精神的培养无疑是建设企业文化的核心所在。

何谓企业精神，概括而言它属于意识形态领域范畴，是企业在长期实践工作中所总结出的与本企业实际相符的号召力和向心力。在经营管理实践中只有积极培育奋发向上的集体共识和精神风貌，才能够正确引导企业员工的道德素养与价值共识，企业独特的价值文化，也是企业打造的独具优势的核心竞争力。

培育企业精神就是要建立共同的精神体系和价值追求，通过精神的指引在企业内部形成巨大合力，将企业打造成一个命运共同体。同时，培育企业精神是企业落实文化建设、精神建设的题中之义，企业精神的培养不但能够提高企业员工的工作效率和管理效能，增强企业竞争力，而且能够提高员工的团队合作意识和集体奉献精神，增强企业的凝聚力。如果缺乏企业精神的培育，员工的自我价值就无从体现，企业文化建设和企业的长远发展也就无法实现。由此可见，现阶段企业在开展文化建设的过程中需要更加重视以精神文化建设为导向的企业精神的培养，遵循以人为本的价值理念，积极培育健康向上的企业精神，以此推动企业文化建设和企业的繁荣发展。

在培养企业精神的过程中，一方面，可以通过开展企业发展的历史教育来提高员工的荣誉感。企业从初创、发展到成熟稳定阶段都不是一路平坦顺利的，企业可以通过邀请老干部、老员工开展深入座谈讨论的方式来进行企业历史教育，让员工能够从前辈走过的路中学习先进典型、吸取历史经验、接受精神教育。另一方面，企业精神的培养需要根据具体情况选择培养重点。企业在不同的时期和发展阶段都有不一样的工作重心和重点项目，因此在培养企业精神的过程中，应该以抓好重点，围绕中心的原则来开展宣传培育工作。

（二）加强思想道德建设

作为我国文化建设的重要领域和推动经济建设的重要力量，企业必须正视新形势下意识形态领域存在的突出问题，以正能量的社会主义核心价值观为导向强化企业员工的思想道德建设，担负起时代责任和使命。

一方面，企业领导干部需要加强思想道德建设。进入新时代，经济社会迅速发展，也给企业中的领导干部提出了更高的要求，特别是在市场经济各种思潮的冲击下，企业领导干部的思想道德建设尤为重要，要基于新的高度开展思想道德建设工作。领导干部的思想道德水平是企业形象在社会中的重要体现，企业领导干部在处理问题时，在社会活动中都会对周围员工产生影响。企业领导干部作为工作实践的重要指挥环节，其道德境界对周围员工有示范效应和凝聚效应，品德高尚的企业领导以其人格魅力会形成无形的强大个人影响力；反之，负面效应也会特别突出。

另一方面，企业员工也需要加强思想道德建设。企业应该加大力度落实思想道德建设，通过加强员工的思想道德水平建设来发展企业文化，企业应把员工的思想道德建设贯彻到员工的实际工作当中，提升员工的思想道德修养，提升员工的精神境界。

首先，提升员工爱岗敬业意识。爱岗敬业就是员工从心底接纳认可自己的本职工作和工作岗位，以奉献精神服务于自己的岗位和企业，而这种动力的形成需要企业给予适当的激励政策，这种激励不应仅仅表现在物质层面，更需要企业在文化建设过程中为员工提供一种和谐、积极的企业文化氛围。

其次，提升员工诚信、奉献、友善意识。诚信意识不但是我国优秀传统文化的道德传承，也是企业在文化建设过程中的重点内容，它要求企业员工在工作中要诚实待人、信守诺言。奉献意识要求员工要有无私的集体精神和团队思想，并对自己的工作投入全身心的付出；友善意识要求员工相互关心尊重，和睦相处，塑造和谐的工作氛围。加强企业员工的思想道德建设，能有效提高员工自身的思想道德意识，内化于心，外化于行，最终达到建设企业文化的目的。

（三）弘扬企业优良传统

弘扬优良传统，提升企业形象，不仅是尊重历史，传承历史积淀的精神财富，也是壮大企业发展优势，推动企业持续发展的现实要求。每个企业从起步、发展到成熟，一路走来，都积淀了厚重的历史和优良传统。企业的优良传统不仅影响着一批又一批的企业员工，并且在不同历史时期发挥着重要的激励和衍射作用，具有强烈的号召力和凝聚力，是企业在发展过程中和文化建设过程中的精神支柱。这些优良传统是一批批企业员工在企业发展过程中不断提升自己，融合于社会环境而逐渐形成的为大家认同的思想观念及行为规范。在各个时期，这些优良的传统的表现形式、内容等各方面都有所不同，但是传承下来的企业精神是不变的，至今仍然指导着企业的发展。所以，企业的优良传统是历史性和现实性的统一。

我们在弘扬企业优良传统的过程中，要辩证统一地看待企业传统价值观对文化建设的作用和意义，要不断地在批判继承中发展优良传统。勇于摒弃一些已经不符合时代的传统观念，要根据时代的不断变化加以革新和发展，使企业的优良传统与如今的企业文化建设更好地融合，在当前的企业文化建设中充分发挥积极作用和时代价值。

积极弘扬企业优良传统，一方面，有利于丰富企业文化建设的内涵。弘扬企业优良传统并将其文化精髓与企业发展的具体实际相结合，可以在推动企业文化不断发展的同时，极大地丰富企业文化建设的内容。另一方面，有利于增强企业员工的文化自信。企业的优良传统是企业的突出优势和企业的文化软实力，同时也是我国企业文化建设最深厚的文化底蕴。积极弘扬企业优良传统可以让员工形成独特的精神气质和精神品格，这种精神气质和精神品格可以为企业员工提供精神指引，提高员工的自我认同感和对企业的认同感，增强员工的文化自信。

（四）丰富企业员工的文化生活

实践表明丰富的文化生活有助于企业保持活力，实现更长远的发展。现阶段，企业在进行文化建设过程中要重视员工的文化生活，积极通过各种方式和手段丰富企业员工的文化生活。

随着社会的进步和发展，企业对员工的要求越来越高，只有不断地加强员工文化阵地建设，丰富员工的文化生活，才能塑造员工良好的精神面貌，提升工作效率，从而有效推动企业的发展。在文化建设过程中企业要积极采取实际行动丰富员工的文化生活，不能只停留在口号上，要提供全方位的支持和保障，推动员工文化建设活动的开展，给员工创造展示自己的机会，促进员工文化的发展。

加强企业员工文化阵地建设是丰富员工文化生活的必然要求，需要做到以下几点：第一，提高企业基层员工的文化素质水平。首先要重视对企业基层员工的文化素质教育工作，在保证基层员工完成正常工作的前提下，开展员工的文化培训活动，并且鼓励他们不断参与到文化培训教育中，通过教育培训提高基层员工的文化素质水平，并增强基层员工的主体意识和参与文化建设的积极性。此外，企业在进行招聘时，要注重员工的软实力，除了考虑员工应具备的专业技能素质，还要考虑员工的文化素质水平。当企业员工整体具备较高的文化素质水平时，企业员工的综合实力才能提升。第二，充分发挥企业工会的作用。工会在企业员工文化建设中起着至关重要的作用，企业要协助工会组织举办一些丰富员工文化生活的活动。如文艺比赛、体育运动、户外活动等项目。一方面，可以丰富员工的文化活动，带动文化氛围，助力企业文化建设，另一方面可以增强员工的归属感和企业的凝聚力。第三，企业管理者对员工文化建设要足够重视。企业的管理者对员工文化阵地建设起着决定性作用，企业管理者要在政策和经费方面积极支持文化建设部门和工会组织开展企业文化培训和各项企业文化活动，提高企业员工的文化素质，促进企业文化建设。

二、以马克思主义文化观推动企业文化建设

（一）有利于建设以人为本的企业文化

人是社会实践的主体，人在实践过程中可以发挥主观能动性作用于客观世界。马克思主义文化观以文化人，以文育心，在企业文化建设中渗透以人为本理念，可以充分调动员工的主观能动性，是企业实现可持续发展的内在动力。在马克思主义文化观的指导下开展企业文化建设，按照员工生存诉求和成长需要制定企业长期战略发展规划，树立企业和员工的共同奋斗目标，能让员工真正建立起与企业同发展共进步的主人翁意识，增强员工的使命感和责任感。能够提高企业整体形象和员工素质，激发员工的积极性和创造力，最终实现企业与员工的共同发展。

（二）有利于加强党对企业文化建设的领导

马克思主义文化是最具新时代特征的文化，中国共产党作为中华民族先锋队，代表着中国先进文化的前进方向。习近平曾多次对意识形态领导

权进行论述，并指出"宣传思想工作就是要巩固马克思主义在意识形态领域的指导地位，巩固全党全国人民团结奋斗的共同思想基础。"[①]马克思主义作为我国的指导思想，早已融入我党灵魂，是发展中国特色社会主义文化的思想理论基础。

马克思主义文化观坚持党的领导，在我国企业文化发展过程中承担着领航的作用。历史表明，正是中国共产党的正确领导和广大党员带领人民群众的英勇奋斗为我们带来了革命的最终胜利，新中国的建立和我国社会主义事业的建设、发展都不能脱离我党的领导。进入新时代，企业的治理、发展、改革同样不能没有党的领导，因为党的领导是人民的选择，是历史的选择，坚持中国共产党这一坚强领导核心，是中华民族的命运所系。中国共产党的领导，就是支持和保证人民实现当家作主。新时代的企业治理中只有全面坚持党的领导，全面听从党的指挥，才能使企业在文化建设中树立正确价值观，才能奠定企业改革发展的理论基石，才能够实现治理实效最大化。

（三）有利于构建科学严谨的企业文化

在经济全球化的大背景下，各类文化、信息高度互通，对企业文化建设产生极大冲击，需要采取强有力的执行措施，来全面推进企业文化建设，提高企业文化的先进性和生命力。而马克思主义文化的科学理性特质，有助于指引企业在信息时代科学辨识信息、筛选信息，进而疏通、整合为健康高效信息流，将时代信息的理性思维根植于企业文化建设当中，切实将党的路线、方针、政策融入企业文化当中，发掘企业文化建设的资源优势，提升企业社会责任感，并指引企业建立相对完善的制度与标准，确保企业高效、有序运转，从而促进企业工作效率与质量的全面提升。

（四）有利于打造企业文化品牌

马克思主义文化的民族性，展现了文化独立的、特有的特质，具有特殊性。而马克思主义文化的大众性，正是基于其民族性基础上所展现的文化开放性和包容性。在经济全球化日趋明显，市场竞争日益激烈的今

---

① 习近平. 习近平谈治国理政[M]. 北京：外文出版社，2014：153.

天，机遇与挑战并存，马克思主义文化观以其先进文化形态同中华民族的社会实践融合，不断为广大人民群众接纳，为社会发展进步带来新的机遇和挑战。

  于企业而言，企业品牌文化代表了企业和消费者的利益认知、情感归属，是企业品牌、传统文化以及企业本身个性形象三者的总和，是企业区别于其他个体的特殊性表现。只有在马克思主义文化观的指引下，将企业品牌文化植根于社会生产实践，在融合发展中打造优秀的企业文化，塑造与提升企业的品牌形象，丰富企业的内涵，为社会提供更高质量的服务，才能逐渐为消费者所接纳，进而在竞争中赢得机遇，战胜挑战，实现企业的长远发展。

第十章　培育工匠精神　建设质量强国

第一节　培育工匠精神　提升产品质量

改革开放以来，我国经济得到快速发展，制造业产品开始走出国门、走向世界。但中国制造更多地注重利用人力资源，对产品的品质和品牌没有足够重视；而发达国家的制造业走的是质量型发展之路，重视品牌影响力，更重视职业坚守。

全球制造业的竞争，不仅是数量和规模的竞争，还是质量与品牌的竞争，质量更是制造业企业的生命与灵魂。制造强国必须首先是质量强国、品牌强国。只要存在产品质量的差距，就存在工匠精神的差距。因而培育工匠精神，弥补工匠精神方面的差距，是缩小中国制造与世界先进制造差距的重要途径。中国制造业"大而不强"的重要原因之一就是工匠精神的缺失，所以培育执着细致、精益求精、追求完美、求实创新的工匠精神是中国制造进入国际高端市场的关键。

一、培育工匠精神，提高制造业劳动者素质

在生产制造过程中，如果一线劳动者缺乏劳动技能，缺乏事业心和专注精神，则会严重影响企业产品的质量和品牌形象。因此，进行工匠精神的培育，提高制造业劳动者的素质，可以提升制造业企业的产品质量和水平。

高质量的产品需要高技能的劳动者，没有高素质、高水平的劳动者，就不能生产一流的产品。工匠是制造业的主体，是产品的创造者，中国制造业需要工匠，只有培育了创新型、知识型和技术型的工匠，培育了精益

求精的工匠精神并专注于制造精品，才能不断提升制造业的质量和水平，才能创造出高质量的产品。

制造业的高品质，需要精益求精的品质精神，精益求精的品质精神是新时代工匠精神的核心。因此，在生产制造过程中，只有大力培育和弘扬工匠精神，才能培育出知识型、技术型、创新型的高素质劳动者和复合型的高技能人才，才能生产出高质量的产品，才能实现制造业的品质革命；只有大力培育和弘扬工匠精神，才能实现过剩产能得到化解，促进制造业优化升级；只有大力培育和弘扬工匠精神，把企业家精神和工匠精神有机结合，才能使产品品质和企业效益都有提升，更好地满足消费者对产品和服务的需求。因此，培育工匠精神，才能拥有一流的技能人才，才能生产出一流的产品，才能实现技能强国，实现产品真正做到人有我有、人有我强、人强我优，从而满足人民日益增长的美好生活的需要，真正为人民的高品质生活提供物质保障。

二、培育工匠精神，提高对外开放水平

我国制造业国际竞争的传统模式是以低劳动力成本、高密度资本等要素的密集性投入为基础，在国际市场上以低价格为主要竞争模式，制造业产品在发展中国家的市场占有率扩张快于发达国家。但随着国内各类成本的上升和制造业内部结构的改变，制造重心将会沿着产业链、价值链攀升，单纯的市场竞争方式将不可避免地发生改变。通过补工匠精神的短板，将促使整个制造业不仅要重视价格竞争，还要更加重视质量竞争、技术竞争，增加中国制造参与国际市场竞争的维度，有助于在稳定发展中国家市场的同时，开拓发达国家市场，提升我国制造业的全球影响力。

三、培育工匠精神，推动企业发展壮大

企业生产的产品是一种有形资产，为企业带来直接利益，但这些产品背后所蕴含的工匠精神品质是一种无形的资产，在市场竞争中具有创造价值的能力，它所形成的企业信誉、职业素养、高品质产品，都是企业对质量的坚守，从而能够有效提高全球消费者对中国制造品牌的信赖。此

外，工匠精神要求劳动者在生产中做到一丝不苟，注重品质，这在无形中使企业与社会之间达成一种隐形契约，企业用心打造产品并不是为了与其他商家打价格战，而是他们注重企业形象。这能够推动一些企业尤其是一些具有核心竞争力的企业，集中自身所具有的优势资源，向世界一流企业进军。

第二节　培育工匠精神　促进制造业转型升级

一、工匠精神是推动制造业转型升级的动力

进入新时代以来，中国制造进入了产品质量提升、产业转型升级的关键期，新时代的发展需要工匠精神的回归与培育。新时代工匠精神包含爱岗敬业的职业精神、精益求精的品质精神、追求卓越的创新精神、精诚协作的团队精神、用户至上的服务精神。

进入新时代以来，中国制造逐渐改变大而不强的状况，逐渐由产品链的中低端向全球生产链中高端转变。为建设制造强国，先后提出了创新驱动发展战略、供给侧结构性改革等重大创新改革举措，这些举措为中国制造业的转型升级提供了政策环境。新时代培育工匠精神，实现制造业由大变强、由粗变精，工匠精神承载着一丝不苟、勇于创新、坚韧不拔的职业价值因子，也是推动制造业转型升级和产业结构变革的核心动力。[①]新时代工匠精神正是由"中国制造"向"中国智造"转变，由"制造大国"向"制造强国"转变的"精神之钙"。

因此，培育工匠精神，能够适应经济发展新常态，增强制造业自主创新能力；培育工匠精神，能够深入推进供给侧结构性改革，打造高品质制造业；培育工匠精神，能够推动制造业向智能、绿色、服务型制造转型升级。

[①] 余敬斌.工匠精神培育与高职教育思想政治教育有效融合的理论与实践研究[J].黑龙江教育学院学报，2017（8）：53-55.

（一）培育工匠精神，提高制造业的自主创新能力

当前，我国的传统制造业的转型较慢，多数还处于粗放型增长的发展阶段，还处于低端竞争的环境中，科技对经济增长的贡献率还较低，因此，弘扬与培育工匠精神，发展高新技术产业，不断提高制造业的自主创新能力，加快制造业向智能化、精细化、绿色化和服务化转型，实现中国制造由价值链低端向高端创新转变，强化科技创新的支撑力，突破人力成本与产业空心化的制约，以驱动经济高质量发展。

提高制造业的自主创新能力，推动云计算、大数据、人工智能技术为实体经济的发展赋能需要具备工匠精神的创新人才。弘扬与培育工匠精神，有利于推动传统制造业高科技核心产品的研发，使传统制造业也能够紧跟时代步伐，保持旺盛的生命力，实现转型升级。因此，新时代的工匠精神能够提高制造业以创新驱动转型升级的能力，是当今时代实现技术创新、经济稳步前进和社会发展的重要精神源泉。

（二）培育工匠精神，构建企业品牌价值链

品牌价值链是参考市场的多样化需求，为消费者承诺的品牌价值，带来无形利益和身份标识等一系列的内容的特性，它包括产品的设计、工艺，产品的功效、性能，产品的形态、包装，产品的方便性、美观性与实用性等方面。

国家统计局数据显示，2019年，我国人均国民总收入突破1万美元，居民的消费结构和消费习惯向高水平高层次变化。但是，我国中高端消费品却供不应求，国内消费者开始海淘、越洋抢购、海外代购等，每年有上万亿消费外溢。因此，加快推进企业品牌价值链的构建，才能提升国产高端消费品品牌的价值和竞争力，缓解国外高端消费品流入国内市场的压力，更好地满足人们的生活需要。

弘扬和培育工匠精神，能为企业生产经营高端品牌进行指引。现阶段，我国正大力推进供给侧结构性改革，制造业的生产制造不再是以"数量取胜"，必须要对各种先进资源进行整合，利用产品的个性化服务和品牌营销实现利润的最大化，基于价值链提升品牌价值，大大提升消费者从购买使用到售后服务整个消费过程的满意度。弘扬和培育工匠精神，对产

品进行高水平的设计研发，才能培育和生产出具有高附加值的高端产品，提升中国制造的品牌附加值，以品牌建设引领中国的制造业向全球价值链的中高端进军。

（三）培育工匠精神，提升产品的国际竞争力

如今，规模宏大的制造业难以满足人们多元化的消费需求，市场倒逼传统制造业向先进生产进阶。在手工业时代，从产品的设计到顺利完成都是不可复制的过程，每一件产品都象征着工匠们的声誉、信誉及情感。而在信息产生价值的时代，依托人工智能、云计算等模式进行个性化定制、柔性化生产是制造业发展的趋势。

践行工匠精神是提高产品品质和品牌竞争力的关键，在创造时坚持勇于创新、追求真理、忠于职守的工作态度不仅能够推动柔性化生产的进程，提升产品和服务在国际市场中的竞争力，使企业能够在激烈的国际市场竞争中占据更多的市场份额，也能帮助企业形成崇尚工匠精神的内部文化。

2019年，华为入选了福布斯全球品牌价值100强榜单，一方面是因为保证高质量产品的生产是华为一直以来的坚守，华为在企业内部充分发扬工匠精神，产品每一个细节的处理都做到精益求精、专心雕琢，认真对待产品生产过程的复杂工序，生产过程中从不疏忽每一个微小的零件。另一方面，它始终根据客户提出的需求坚持创新，运用领先的技术持续永久地拓发新思维，积极与商业伙伴或科研所展开各种形式的密切合作，不仅满足消费者的需求，也提升了产品在国际市场中的竞争力。为把世界范围内最尖端的科技成果带给全球的消费者，华为先后与IBM、摩托罗拉和微软等国际知名大企业合作创立了实验室和联合创新中心，这正是它能够在国际市场占据一席之地，并在短时间内迸发出活力的要因。可见，正是因为弘扬和培育了工匠精神，华为才能确保产品品质提升的同时，也扩大了自身品牌的知名度，提升了中国制造在国际市场中的竞争力，在世界范围内树立了崭新的中国企业形象。

二、工匠精神是建设制造强国的重要环节

没有工匠精神的充分弘扬，建设制造强国就会缺乏基础支撑。深入贯

彻党中央关于工匠精神方面的重要思想，并采取相关积极措施加以落实，有助于高质量提升与弘扬工匠精神，加快建设制造强国进程。

（一）科学制定政策，建立专门机构

科学制定促进、弘扬和培育工匠精神的相关政策。相关部门可借鉴西方国家工匠精神培育的经验，厘清政府与市场的职责，充分发挥政府在推动和弘扬工匠精神方面的作用，把弘扬工匠精神作为建设制造强国的重要内容，通过制定有利于弘扬工匠精神的政策，在全国制造业领域范围推进工匠精神。在全社会各行业倡导和弘扬工匠精神，鼓励各个行业的员工练好基本功，钻研基本技能，促进工作效率、工作能力、工作专注度不断提升，培养各行各业的工匠精神。

建立促进和弘扬工匠精神的机构。在大部门体制改革背景下，增加政府机构编制与人员要慎之又慎。但作为一个在微观上有其现实意义在行业管理中具有深远影响的工作，在政府行业管理的教育培训部门设置工匠精神提升与推广机构很有必要。我国可在工信部设置类似机构，对企业工匠精神进行动态调研、观察、分析，推动工匠精神的教育、培训，并提供相关的政府服务。

（二）创造培育环境，培育工匠队伍

积极创造有利于工匠精神培育的环境和条件。首先，实行稳定、有效与合理的公共政策，制定有利于制造业发展和转型升级的政策。基于政府政策管理，进行工匠精神的充分培育和弘扬。坚持政策管理中的问题导向，坚决制止盲目性社会投机行为，重视政策的精细化和科学化设计，注重实体经济核心竞争力的培养，为工匠精神的发挥创造有利的环境与条件。

要打造制造业强国，制造业企业要在全球竞争中后来居上，就不能在工匠精神的竞争中落伍。制造业行业的各类企业在工匠精神的创设与弘扬上应与国际同类行业的一流企业对标，寻找企业与国外同类优秀企业在工匠精神方面的差距，制定有效措施积极追赶。全国大中型制造业企业应率先总结和提炼各具特色、能够展现企业专业优势的工匠精神，把其作为加强内部管理和提升企业市场形象的组成部分。

建设制造业强国，需要培养与造就大批有知识、肯钻研、有韧劲、有能力的现代工匠队伍，按照党中央的要求，要高度重视对高技能高素质专门人才的培养。进一步学习、总结、借鉴和提炼人类在工匠精神积累中的经验。工匠精神作为优秀的制造文化，在中外都有悠久历史和典型范例、有去粗取精去伪存真的发展过程、有正确的理论总结与阐述。要弘扬与培育工匠精神，深化工匠精神研究，总结国内外的成功经验，总结工匠精神的发展演化规律，培养优秀的具有工匠精神的人才队伍。

第三节　培育工匠精神　建设质量强国

一、建设质量强国，面临现实问题

新中国成立以来，我国经济的振兴与发展取得了举世瞩目的成就，然而与世界制造业强国相比，相对还是比较落后。中国虽然已是制造大国，但是距离制造业强国还有着一定的差距。建设质量强国，成为制造强国，还存在着亟须解决的现实问题，具体体现在精益求精意识淡薄，制造方式粗放；产品质量差强人意，竞争能力不强；核心技术不足，常常受制于人等方面。

（一）制造方式粗放

改革开放以来，我国取得了丰硕的建设成果，但也暴露出企业在经营和发展中所存在的缺陷与不足。尤其是那些一味地追求短期效益而不考虑长远发展的企业，在进一步的发展中遇到了一系列的阻力和障碍，这说明在体制机制以外还有影响经济发展的因素。研究表明，主要影响因素是由于中国长期实施计划经济体制，采取粗放式的发展模式而导致，在这种环境下，投入跟产出效益严重失衡。

采取粗放式的制造方式及经营模式，在买方市场条件下，一些低质产品很快被淘汰。只有那些不断推出优质新品的企业，才能在市场上占有明显的优势，企业的实力逐渐增强。通过研究可见，运用领先的生产技术和科学的管理手段，提升产品的附加值和创新力，以更低的成本和更高的质量参与到市场竞争中，才能增强竞争力，所以，进行精细化管理是改变粗放式经营格局的有效方法。

进行精细化管理，进行精益求精的制造生产，以最少的资源投入，创造出更多的社会财富，为客户提供更优质的服务和功能更完善的产品。简言之，就是打造精益求精的高质量产品并且将成本降至最低，同时为客户提供满意的产品和服务。

评估一个企业的经营水平高或低，最为关键的一点是分析在客户需求得到切实满足的情况下，是否消耗最少的资源，产品的价格是否最合理等，而并非是产品的生产规模越大或产品的等级越高越好，而要想实现这一目标则必须要不断提升产品的综合竞争力。

（二）核心技术不足

产品的关键是核心技术，产品的竞争力取决于核心技术。核心技术分为基础类和应用类，基础核心技术通常是实现产品技术创新的前提，而应用性核心技术则是以基础性核心技术为根基，结合客户的需求，引入到产品的核心技术开发中。目前，中国企业最大的短板在于缺乏核心技术。

目前，我国工业领域所掌握的基础核心技术并不多，很多技术都由其他国家掌控，中国企业在研发和创新产品时，只能以高价购买或通过合作的方式引入企业，但是一些关键的技术不能交由中国来研发，只能一直依靠于进口来满足国内的需求。在部分领域虽然能掌控基础性核心技术，比如集成电路、基因工程等，但是，在技术标准上还存在较大的差距。对于少量的基础性核心技术，虽然相关机构已经在加紧研究，但是，目前大多还处于开发的初期，尚未取得显著的成效。由于核心技术的不足，导致中国战略性新兴产业一直处于较低的发展层次。所以，中国需要严格控制和大力开发战略性新兴产业，坚决走自主创新之路才可以创建先进的核心技术体系。

就企业而言，我国拥有核心技术的企业可谓凤毛麟角。尽管部分企业已经掌握了核心技术，但是基础核心技术拥有的比例较低。值得庆祝的是，一些掌握了部分核心技术的企业在国内外市场上占有明显的优势，如华为、海尔等。然而，这类企业毕竟屈指可数，很多企业在应用性核心技术研发上还处于起步阶段。长期以来，中国引以为傲的汽车工业虽然拥有了核心技术，但是与境外同类企业相比依旧还存在显著的差异。

二、培育工匠精神，建设质量强国

虽然中国能生产世界上大部分产品，但却缺乏知名品牌，为此我国致力于完成中国从制造大国向制造强国的转变。目前，我国制造业还不够强大，就是因为产品制造者本身缺乏工匠精神，缺乏专注于产品的奉献精神，缺乏产品质量的管控，缺乏一丝不苟的工作态度。要实现从制造大国向制造强国的转变，要求我们必须重塑工匠精神，更好地实现自我价值。工匠精神是追求设计独创性、追求卓越品质和不断改进工艺的理想精神，因此，从我国的发展实际和国家政策战略来看，弘扬与培育工匠精神是从制造大国向制造强国转变的必然要求。

在当代中国社会发展和转型的过程中，现代工具理性制约着工匠精神的发展。在这一过程中，生产关系与价值观念往往不相一致，深入了解工匠精神的本质，培育工匠精神有助于实现质量强国的目标。因此，社会可以发挥多个层面的推动作用，通过制度保障、技术支持、高质量的职业教育等，强化工匠精神的培育。工匠精神生成和完善的进程中，需要不断排除一些不利因素，从而为工匠实现个人的目标提供更有利的环境。

首先，培育工匠精神，推动中国制造业整体质量水平的提升。工匠精神的缺乏会导致缺乏高技能劳动力，缺乏劳动技能，缺乏专注力，一线员工缺乏专业精神，最终会影响公司的产品质量和产品稳定性。所以，培育工匠精神，提升制造业劳动者的综合素质及其专业能力，通过优化投入结构，由此而获得最大化的产出效应，才能推动制造业质量水平的提升。

其次，培育工匠精神，扩大市场规模。随着国内制造成本的不断提高，国际制造业的重心开始顺着价值链发生转移，市场竞争也发生了根本性的变化，以粗放投资为基础的中国制造业的传统竞争模式也被打破，因此，制造业转向质的提高，培育工匠精神，扩大国际市场规模，才能在国际市场的竞争中处于有利地位。

最后，弘扬工匠精神，为中国对外贸易的发展营造良好的环境。从本质上来说，企业竞争的根本则体现在工匠精神的继承和发展上，因为在商品化竞争日益激烈的环境下，企业的竞争逐渐面向国际市场。通过对比可以发现，具备工匠精神的企业将会充分整合并利用人力资源来抢占更多的市场份额。而站在全球化竞争的层面上看，如果有较多的制造类企业意识到工匠精神对企业发展的重要作用，那么将能够更好地提升中国企业的整体实力，从而为创建质量强国而营造更为有利的环境。

产品质量反映了人类的劳动创造和智慧，反映了人们对美好生活的渴望。中华民族历来重视质量，数千年前，中国的优质丝绸等高端产品进入国外市场，进一步地推动了不同国家之间的文化交流与融合。没有制造业作为支撑，就没有强大的国家和国家的繁荣。新中国成立以来，特别是改革开放以来，中国制造业持续快速发展，培育和弘扬工匠精神对我国由制造大国向质量强国转变具有重要作用。

参考文献

［1］付守永.工匠精神：国家战略行动路线图［M］.北京：北京大学出版社，2018.

［2］王辉.匠心：成就卓越的力量［M］.北京：新世界出版社，2017.

［3］杨松超.主体性视角工匠精神研究［M］.北京：中国人民大学出版社，2022.

［4］吴式颖，李明德.外国教育史教程［M］.北京：人民教育出版社，2015.

［5］人力资源社会保障部教材办公室.工匠精神［M］.北京：中国劳动社会保障出版社，2019.

［6］质量文化建设课题组.工匠精神：质量变革下的演进与超越［M］.北京：中国质检出版社，2019.

［7］张雪.工匠精神：理论与实践教程［M］.北京：经济日报出版社，2022.

［8］马永伟.工匠精神：中国制造业高质量发展之魂［M］.北京：中共中央党校出版社，2022.

［9］刘辙.工匠精神［M］.上海：上海交通大学出版社，2020.

［10］陈必华，淦爱品.劳模精神导论［M］.上海：上海交通大学出版社，2020.

［11］陈芳，付守永.工匠精神的实践［M］.江苏：江苏人民出版社，2017.

［12］杨朝晖.致工匠：创时代，工匠精神的30项精密传承［M］.北京：中华工商联合出版社，2016.

[13] 慧新. 工匠精神：伟大公司的驱动力［M］. 北京：中国商业出版社，2016.

[14] 叶生. 企业灵魂：企业文化管理完全手册［M］. 北京：机械工业出版社，2004.

[15] 刘光明. 企业文化案例［M］. 北京：经济管理出版社，2003.

[16] 刘光明. 企业文化［M］. 北京：经济管理出版社，2006.

[17] 上海市经济和信息化企业文化研究会. 企业文化理念精选［M］. 上海：上海人民出版社，2012.

[18] 杨少成，周毅成. 中国教育史稿（古代、近代部分）［M］. 北京：教育科学出版社，1989.

[19] 墨翟. 墨子［M］. 长春：吉林大学出版社，2011.

[20] 托马斯莫尔. 乌托邦［M］. 戴镏龄，译. 上海：生活.读书.新知三联书店，1956.

[21] 康德. 论教育学［M］. 赵鹏，何兆武，译. 上海：上海人民出版社，2005.

[22] 刘世峰. 中小学的劳动技术教育［M］. 北京：人民教育出版社，1993.

[23] 宗韵，王炳照，李国钧. 中国教育通史［M］. 北京：北京师范大学出版社，2013.

[24] 俞启定. 中国职业教育发展史［M］. 北京：高等教育出版社，2012.

[25] 李均. 中国高等教育政策史：1949—2009［M］. 广州：广东高等教育出版社，2014.

[26] 刘文. 空想社会主义法学思潮［M］. 北京：法律出版社，2006.

[27] 曹焕旭. 中国古代的工匠［M］. 北京：商务印书馆，1996.

[28] 亚力克·福奇. 工匠精神：缔造伟大传奇的重要力量［M］. 陈劲，译. 杭州：浙江人民出版社，2014.

[29] 陈成国. 礼记校注［M］. 长沙：岳麓书社，2004.

[30] 刘燚，张辉蓉. 建党百年来劳动教育的历史变迁与反思展望——基于教育方针分析的视角［J］. 国家教育行政学院学报，2021.

［31］姚冬琳，何颖诗，谢翌.1949年以来小学劳动课程变迁研究——基于政策文本的分析［J］.中国德育，2021.

［32］周俐萍，郭湘宇.黄炎培产教融合思想的基本内涵及当代价值［J］.教育与职业，2021.

［33］陈志杰.职业教育产教融合的内涵、本质与实践路径［J］.教育与职业，2018.

［34］孔宝根.企业科技指导员制度：深化职业教育产教融合的新路径［J］.教育发展研究，2015.

［35］刘元园.产教融合新机制与应用型人才培养［J］.中国科技产业，2015.

［36］欧阳河，戴春桃.产教融合的内涵、动因与推进策略［J］.教育与职业，2019.

［37］王泳涛.高职院校深化产教融合的内涵认知与机制创新［J］.职业技术教育，2019.

［38］柏昌利：党的三代领导人对教育方针的理念创新［J］中国电子教育，2003.

［39］常胜.马克思劳动观的三重维度及其现实意蕴——兼论习近平的劳动观［J］.思想政治教育研究，2020.

［40］赵浚，田鹏颖.新时代劳动精神的科学内涵与培育路径［J］.思想理论教育，2019.

后　　记

实现中华民族伟大复兴中国梦，不仅需要大批科学技术专家，同时也需要千千万万的能工巧匠。工匠精神的内涵，不仅仅是指"敬业"的职业感，同时也是"乐业"的品质感和追求卓越的使命感，是新时代工人阶级的新面貌和众多普通劳动者核心价值的集中体现。更为重要的是，工匠精神作为一种优秀的职业道德文化，它的传承和发展契合了时代发展的需要，具有重要的时代价值与广泛的社会意义。中国要迎头赶上世界制造强国，就必须在全社会大力弘扬以工匠精神为核心的职业精神。同时要贯彻以工匠精神为核心的素质教育理念，将工匠精神融入思政课程和专业课程中，以工匠精神作为核心和抓手来开展素质教育，为学习者的职业发展、人生幸福奠定基础。另外，以工匠精神为核心的工匠文化是企业文化建设中必不可少的组成部分，在深化产教融合、校企合作的人才培养机制改革过程中，能够更好地推动建设质量强国。

本书是2023年江苏理工学院横向项目"产教融合与企业文化的协同提升"（项目编号KYH23510）和2022年度江苏高校哲学社会科学研究专题项目"思政课程实践教学中知行合一研究"（项目编号2022SJSZ0605）的研究成果，并得到了温州可为自动化有限公司的大力资助。

本书的出版，要感谢众多师长和同仁们的帮助。

本书从初稿形成到最终定稿，江苏理工学院俞超博士给予了无私的指导和帮助，在此致以崇高的敬意和感谢！

本书在修改过程中，得到江苏理工学院高军、刘小刚、董遂强、张晓忠、金朝晖等教授的悉心指点，并提出宝贵意见，在此致以深深的谢意！

本书的创作还得到了温州可为自动化有限公司的总经理顾九生先生的

后　记

大力资助和指导，在此表示感谢！

本书的创作还得到了妻子刘金花和儿子吴亦凡的理解和支持，在此表示感谢！

本书的创作对我来说是一次磨炼和考验，深深感受到二十万字文章创作之艰辛，得到同事亲友的支持与认可，我倍感欣慰，也激发了我创作的动力。

由于理论功底不深，理论联系实际的能力也有待提高，本书不当之处在所难免，敬请专家、学者批评指正！对于学术界一些观点、结论，如有引用不当或疏于标注之处，也望原作者和读者及时联系和批评指正。

吴新建

2024年3月13日